セキュリティエンジニアの教科書

The textbook of the security engineer

Japan Business Systems, Inc.
日本ビジネスシステムズ株式会社
セキュアデザインセンター

C&R研究所

■権利について

- 本書に記述されている社名・製品名などは、一般に各社の商標または登録商標です。
- 本書では™、©、®は割愛しています。

■本書の内容について

- 本書は著者・編集者が実際に操作した結果を慎重に検討し、著述・編集しています。ただし、本書の記述内容に関わる運用結果にまつわるあらゆる損害・障害につきましては、責任を負いませんのであらかじめご了承ください。
- 本書の内容は2016年4月現在の情報を基に記述しています。

●本書の内容についてのお問い合わせについて

この度はC&R研究所の書籍をお買いあげいただきましてありがとうございます。本書の内容に関するお問い合わせは、「書名」「該当するページ番号」「返信先」を必ず明記の上、C&R研究所のホームページ(http://www.c-r.com/)の右上の「お問い合わせ」をクリックし、専用フォームからお送りいただくか、FAXまたは郵送で次の宛先までお送りください。お電話でのお問い合わせや本書の内容とは直接的に関係のない事柄に関するご質問にはお答えできませんので、あらかじめご了承ください。

〒950-3122 新潟県新潟市北区西名目所4083-6　株式会社 C&R研究所　編集部
FAX 025-258-2801
「セキュリティエンジニアの教科書」サポート係

はじめに

「今後数年の業績は安泰だが、セキュリティ問題は急激に会社を傾けるリスクを持つ」という発言が、今でも脳裏に刻まれています。数年前に好業績の優良企業の社長と情報セキュリティ対策について話したときのことです。

昨今、発生しているセキュリティ事件・事故の傾向を見ていると、悪意のサイバー攻撃が企業に大きな被害を加えることは極めて現実的であり、セキュリティ事故から自らを守る活動は、大企業に限らず、経営の重要な課題となっています。今やインターネットを利用しない企業は皆無といってよく、その結果、ほとんどの企業がサイバー攻撃のリスクにさらされています。企業のセキュリティ対策が年々、重要度を増しているのです。

その企業のセキュリティ対策を担う人材という視点では、2015年のIPA（情報処理推進機構）の試算によれば、情報セキュリティ人材は従業員100名以上の企業で2万2000人不足しているそうです。さらに情報セキュリティに従事する技術者においても、約23万人中14万人がスキル不足の状況にあるとのことです。国内全般で、セキュリティ人材の育成が急務の課題であるわけです。

この人材不足の中、各企業は、外部のサービスや、セキュリティ専業会社のコンサルティングを活用して、急場をしのいでいる構図となっています。ただし、企業内部のセキュリティ人材が不十分な環境なので、ほとんど外部に丸投げした状態だったり、内部の抱えている人材でできる範囲での対策を実施するのみであったり、日々のセキュリティ脅威に十分な対策を取れていないのが現実ではないでしょうか。

セキュリティ人材育成、企業のセキュリティ対策強度を上げるための社員リテラシーの向上は、長い道のりですが、避けて通れません。

本書は、セキュリティ業務に関わる経験2～3年以内の若手技術者と、企業の一般社員のセキュリティリテラシー向上を意識して執筆されています。セキュリティ人材育成という大きな課題の一助になれば幸いです。

2016年4月

日本ビジネスシステムズ株式会社 セキュアデザインセンター
小野喜代志

CHAPTER-01

セキュリティエンジニアの仕事

CHAPTER-02

脅威とリスク

CHAPTER-03
情報セキュリティマネジメント

CHAPTER-04
攻撃とその手口

CHAPTER-05
コンピュータネットワークの防御

CHAPTER-06

サーバーOS防御の基礎技術

CHAPTER-07

エンドポイントセキュリティ

CHAPTER-08
暗号・電子証明書・電子署名・セキュアプロトコルの基礎知識

CHAPTER-09

認証と認可の基礎技術

CHAPTER-10

セキュアプログラミング開発

CHAPTER-11

データベースセキュリティ

CHAPTER-12

ITに関係する物理セキュリティ

CHAPTER-13

情報セキュリティ運用の基礎知識

CHAPTER-14
事業継続マネジメント

CHAPTER-15
情報セキュリティに関する規格と法令の基礎知識

CHAPTER-16

セキュリティに関する教育と認定資格について

COLUMN

CHAPTER 01 セキュリティエンジニアの仕事

本章の概要

パソコンやスマートフォンだけではなく、家電や自動車など、さまざまなものがインターネットとつながる社会になり、またインターネットを活用したビジネスが大きく拡大しました。

それに伴って、情報漏えい事件のニュースもよく耳にするようになりました。情報漏えいにより企業が経済的に大きな損失を受けたり、場合によってはビジネスを継続できないといったことも報道されています。

セキュリティエンジニアとは、情報セキュリティの一連の業務を専門的に担当する職種です。IT業界においても、情報セキュリティが重要視されるようになり、セキュリティエンジニアが活躍できる場面はますます増えています。

セキュリティを安全に維持することは、どんなシステムやクラウドサービスであっても今後必須であり、それに特化したポジションがセキュリティエンジニアです。

SECTION-01

セキュリティエンジニアとは

セキュリティエンジニアはどのような業務を行っているのでしょうか？　具体的には次のような業務があります。

- セキュリティ面の管理体制や意思決定の支援
- セキュリティを考慮したシステム設計・構築
- システム運用におけるセキュリティの対応
- サイバー攻撃に対する調査・診断・改善　など

単にセキュリティエンジニアといっても、業界やプロジェクトによって業務内容は多岐にわたります。また、比較的新しい職種であるため、「セキュリティエンジニア」には、きちんとした定義がありません。また、一般的に「セキュリティコンサルタント」と呼ばれることもありますが、その場合は管理（マネジメント）する側（セキュリティポリシー策定やISMSなどの認証取得支援など）を指すことが多いようです。

セキュリティエンジニアが行う業務は多岐にわたります。携わる企業やプロジェクトにもよりますが、企画・提案の段階から実装・テスト、運用まで一貫して携わることもあれば、1つの工程を担当することもあります。ここでは、それぞれの工程に沿ったセキュリティエンジニアの具体的な業務内容をご紹介します。

企画立案・意思決定サポート業務

セキュリティ面の管理（マネジメント）や意思決定を支援（サポート）する業務を行います。この段階では、管理面（マネジメント）での業務がほとんどです。お客様との企画や提案を行うため、ここでは「セキュリティコンサルタント」と呼ばれることも多くあります。

また、ISMS（情報セキュリティマネジメントシステム）やプライバシーマークの取得を目的とした認証取得支援のセキュリティコンサルティングも多く行われています。

セキュリティ設計・実装・テストフェーズ

単にセキュリティ関連のシステムだけを設計することではありません。セキュリティの要因はさまざまなところで発生するため、セキュリティエンジニアはそのネットワークやシステムの運用・管理までも理解した上で、セキュリティを考慮したシステム設計を行います。

また、実装を行う際も、セキュリティシステムだけではなくさまざまなシステムの実装も担当します。ネットワーク機器やOSなど、システムが安全に動くようにセキュリティの観点から実装を行わなければなりません。
ここでは、セキュアプログラミングやセキュリティアーキテクチャといった知識も必要になってきます。

テスト段階においては、セキュリティ検査(脆弱性診断)を行います。
そのシステム上の脆弱性を発見し、対策を念入りに行うこともセキュリティエンジニアの業務です。

運用・保守フェーズ

システム導入後には、保守を継続的に行います。インシデントレスポンス(事故対応)、フォレンジック(不正侵入の調査)といった業務を行い、不正アクセスやスパイウェアといったサイバー攻撃、またはシステム障害などからシステムを守ります。

さらに、障害が起こった際にはいち早く対応することもセキュリティエンジニアの重要な任務です。

SECTION-02

セキュリティエンジニアに必要なスキル

セキュリティエンジニアになるためには、どのようなスキルが必要なのでしょうか。ここでは、セキュリティエンジニアには必要なスキルや、認定資格制度を紹介します。

セキュリティエンジニアに必要なスキル

セキュリティエンジニアのフィールドは幅広く、それぞれに必要なスキルも異なってきます。本書の目次構成を見ていただくとわかる通り、技術分野の幅広さに加えて情報セキュリティのマネジメント技術や法令・規格などの知識、加えて物理的なセキュリティ領域の知識まで必要とされています。

これを見るだけでも、必要な知識が幅広いものであることがわかります。これからセキュリティ業界を目指される方はこれらをすべて網羅的に学習する必要はありません。必要なところや興味のあるところから学習していけばよいと思います。

マネジメント系の仕事に興味があるようであれば、情報セキュリティマネジメントの知識(代表的なものとしてはISMSやプライバシーマーク)や、リスク分析手法や法令・規格といったところを中心に学ぶ方が効率は良いと思われます。技術系の方は製品開発、SIer、プログラマー、運用と役割によって必要な知識は異なってきます。製品開発を行う場合は、その製品がサポートするセキュリティの機能に関して知っていることが必要となってきますし、プログラマーであればセキュアプログラミングの知識が必要となってきます。

実際の業務に関連した部分の知識は深く、それ以外の部分は少なくとも概要くらいは理解した方がよいでしょう。

これからご紹介する、本書に書かれているものは最低限の内容しか書かれていませんが、幅広い知識を得るための基礎知識として読んでいただければ思います。

資格制度

セキュリティエンジニアに関する資格としては、セキュリティプロフェッショナル認定資格制度(CISSP)やGIAC(Global Information Assurance Certification)といったものがあります。これらの資格はセキュリティエンジニアになるために必須というわけではありませんし、資格があるからといってセキュリティエンジニアになれるとは限りませんが、プロジェクト参画の際などにセキュリティに関する知識を有しているという証明になります。

なお、セキュリティに関する教育と認定資格については、CAPTER 16に詳しく記載しているので参照してください。

知識以外のスキル

知識以外のスキルとしては、次のようなものがあります。

◆コミュニケーションスキル

さまざまな人とコミュニケーションを取ることがセキュリティの仕事では必然的に多くなります。経営者から現場の担当者まで論理的に物事を説明し、納得させることができる能力が求められます。

◆情報セキュリティに関するモラル

セキュリティという業務に関わる以上、情報セキュリティに関する高いモラルが要求されます。

◆洞察力/想像力

いろいろな場面で「想定の範囲外」を考慮する必要があるため、柔軟な発想が必要です。常識にとらわれない発想もときには要求されます。いわゆる「気付き」の発想が求められます。

セキュリティエンジニアの1日

以下に、脆弱性診断業務を行うエンジニアの1日を追ってみました。

脆弱性診断業務

脆弱性診断業務には大きく分けてプラットフォーム診断とWebアプリケーション診断という業務があります。イメージは、それぞれ次の図のような形です。

●プラットフォーム診断

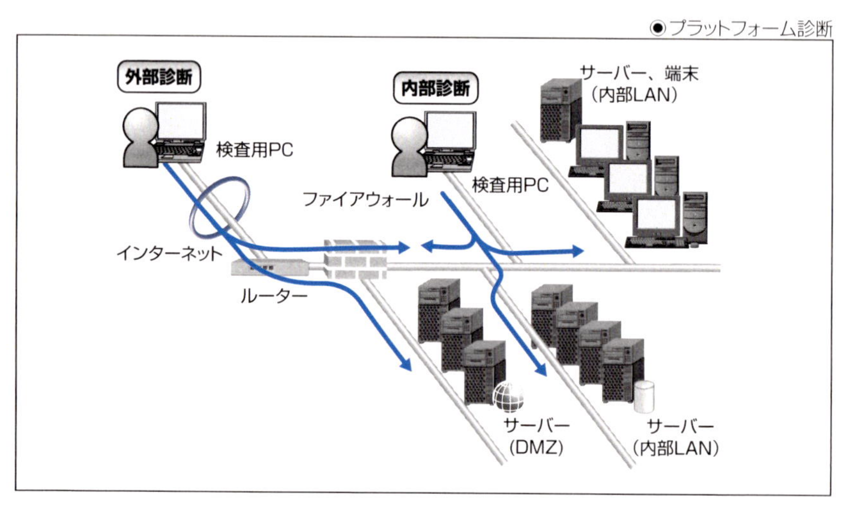

●Webアプリケーション診断

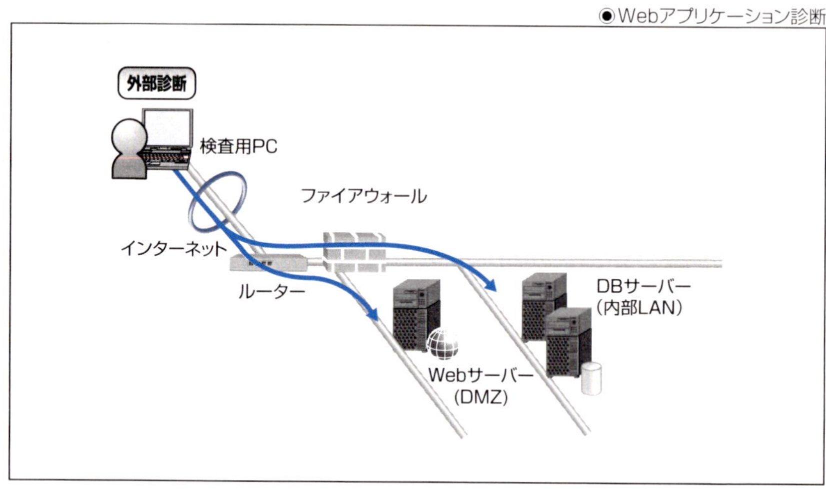

プラットフォーム診断はサーバーおよびネットワーク機器の脆弱性を検出する業務で、サーバーやネットワーク機器で稼働しているソフトウェア（Webサーバーやメールサーバーなど）やOS（WindowsやLinuxなど）の脆弱性を検出します。プラットフォーム診断では脆弱性スキャナー（検査ツール）を使用してサーバーやネットワーク機器の脆弱性を洗い出し、ツールの結果について誤検知がないか確認します。ツールでは検出できない脆弱性の有無を技術者によるマニュアルオペレーションで確認します。また、ファイアウォールの外側から実施する診断と内部から実施する診断があります。当然のことながら、内側から実施した方が多くの脆弱性が発見されやすい傾向にあります。

Webアプリケーション診断では、Webアプリケーションの構成に応じた診断を実施しなければ脆弱性を正確に検出することができません。Webアプリケーション診断用の専用ツールを使用しながら、場合によっては1画面ずつマニュアルオペレーションにより脆弱性を検出していきます。

脆弱性診断の流れ

脆弱性診断は一般的に次のような流れで作業します。

1. 診断に必要な情報・条件などの確認や調整
2. 診断準備（機器設定、診断対象へのアクセス確認など）
3. 診断作業（さまざまなツールや手作業により脆弱性を検出）
4. 診断結果報告書作成
5. お客様へ報告（診断結果報告会）

ある社員の1日のスケジュール

あるセキュリティエンジニアの脆弱性診断を実施した1日のスケジュールを見てみましょう。

- 9:00　出社
- 9:00〜10:00　診断準備・お客様へ診断開始の連絡
- 10:00〜12:00　脆弱性診断開始
- 12:00〜13:00　昼休み
- 13:00〜17:30　脆弱性診断継続・お客様へ診断終了の連絡
- 17:30〜19:00　診断内容の整理、確認
- 19:00〜20:00　翌日の診断準備、脆弱性情報の調査
- 20:00　退社

なかなか、ハードな1日のようにも思えますが、自分が興味を持って取り組む仕事はとても充実した時間です。特に脆弱性診断はお客様のシステムの隠れた脆弱性を発見することが仕事なので、大変、感謝される仕事です。医者にたとえると健康診断に相当する仕事といってもいいと思います。

まとめ

セキュリティエンジニアの仕事は幅広い技術領域のみならず、関連する情報セキュリティマネジメントの領域や法令・法案の知識も必要になります。

また、情報セキュリティを取り扱う仕事になるため、職業モラルがより一層求められますし、コミュニケーションスキルや深い洞察力も問われることが多い職業です。

しかしながら、最初から完璧なエンジニアなどは存在しませんので、自分の得意な技術領域や知識領域を生かしつつ継続的に勉強していくことが、セキュリティエンジニアになる近道だと思います。ぜひチャレンジしてみてください。

CHAPTER 02 脅威とリスク

本章の概要

本章ではセキュリティの最も基礎となる情報資産、脅威と脆弱性、そしてリスクについて考察します。情報資産とは守るべき対象となるものです。それを脅かすものがさまざまな脅威で、その脅威が利用する弱点が脆弱性になります。それぞれの定義とその関係からリスクアセスメントを行うまでの一連の考え方についても考察していきます。

SECTION-04
情報セキュリティを考える上での基本

情報セキュリティを考える上で「情報資産」「脅威」「脆弱性」「リスク」などの関係を明らかにしておくことは、非常に重要なことです。以下にそれぞれの要素について記述していきます。

情報資産

セキュリティを考える場合、最初に考えるのは何でしょうか?

比較的多くの人が防御方法から考えるようですが、防御方法は手段であって目的ではありません。セキュリティの目的とは「守りたいものを守る」ことです。その守るものは人命であったり、発電所などの施設であったり、不動産であったり、企業活動の中で作成された価値のある情報であったりします。これらの企業が守るべきもの全体を資産と呼びます。

この資産の中の価値ある情報とそれが入っているものを情報資産と呼びます。情報資産は情報そのもの以外にも次のようなものが含まれます。

- 企業活動の中で作成された価値ある情報
- 情報が記録されている紙、ハードディスク、CD、DVDなど
- 情報の記録されているコンピュータ
- コンピュータや紙媒体、電子媒体が保管されている施設
- コンピュータの動作に必要な電源設備やネットワーク
- 従業員の記憶・人命

この中で最も大切な情報資産は従業員の人命であることは言うまでもありません。企業が火災や自然災害のセキュリティを考える場合にまずは社員の命を守ること優先し、その後から業務の継続について考えます。企業は社員がいなければ事業が継続できないからです。

守る情報資産が特定できたら、その守る情報がある場所を特定します。その場所こそが守る場所になるからです。

脅威

「守るもの」が決まったら「守りたいものを何から守るか」を考えます。たとえば「金塊を泥棒から守る」というように守るもの（金塊）を脅かすもの（泥棒）が存在するからこそセキュリティが重要になります。このようなものを「脅威」と呼びます。どんなに守るものが重要でも脅威がまったくなければセキュリティ対策は必要ありません。

逆に脅威が大きいほどセキュリティは重要になります。たとえば高原にある施設には津波の脅威はまったくありません。したがってこのようなところで防潮堤を築く必要がないことになります。しかし、まったく同じような施設でも過去に大きな津波災害があった海岸にあった場合は津波に対する防御が必要になります。

◆ 脅威は情報資産またはその保管場所に対応して存在する

脅威は情報資産またはその保管場所に対応して存在します。たとえば、施設の場合は災害や火事というようなものも脅威になりますし、パソコン上のデータであればマルウェアなども脅威になります。

◆ 人為的脅威と環境的脅威

脅威には大きく分けて人為的脅威と環境的脅威に分けられます。また人為的な脅威は意図的脅威と偶発的脅威に分けられます。下記にその事例を挙げます。

- 人為的意図的脅威……マルウェア、不正アクセス、内部犯行、放火
- 人為的偶発的脅威……メールの誤送信、アクセス権の設定ミス、パソコンの紛失、カバンの置き忘れ
- 環境的脅威……………地震、津波、水害、土砂崩れ、山火事

脆弱性

脆弱性は脅威が顕在化するために利用される弱点のことです。脆弱性が高ければ高いほど、脅威が顕在化する確率が増えます。たとえば、家に現金を保管してあり、これを資産だとします。家には鍵をかけてありますが、現金は金庫に入っているわけではありません。脅威は空き巣だとします。この場合の脆弱性を考えるとさまざまなものが考えられます。たとえば、ガラス窓は割れば空き巣が侵入できます。玄関の施錠もピッキングで開いてしまうかもしれま

せん。これら家に侵入するためのすべての弱点が脆弱性です。

情報資産の場合も同様に考えます。よく「セキュリティホールが見つかりました」というようなニュースを聞きますが、このセキュリティホールこそ脆弱性にほかありません。

リスク

リスクとは、脅威が顕在化し、情報資産の価値が損なわれることをいいます。たとえば、「個人情報が標的型マルウェアによって漏えい」という場合、個人情報が情報資産、標的型マルウェアが脅威、標的型マルウェアに対する対策の不備が脆弱性、漏えいがリスクとなります。

情報資産、脅威、脆弱性、リスクの関係は次のようになります。

情報資産の価値 × 脅威値 × 脆弱性値 ＝ リスク値

この関係から次のことがいえます。

- 情報資産の価値が上がるほど、リスクが高くなる。
- 脅威値が高いほど、リスク値が高くなる。逆に脅威が0のときは、ほかの値がどのようになっていてもリスク値は0となる。
- 脆弱性値が高いほど、リスク値が高くなる。逆に脆弱性が0のときは、ほかの値がどのようになっていてもリスク値は0となる。

さらに付け加えるならば価値のないものを盗もうという人はいませんが、価値の高いものほど狙う人は多くなります。したがって、情報資産の価値が高いものほど脅威値も上がります。

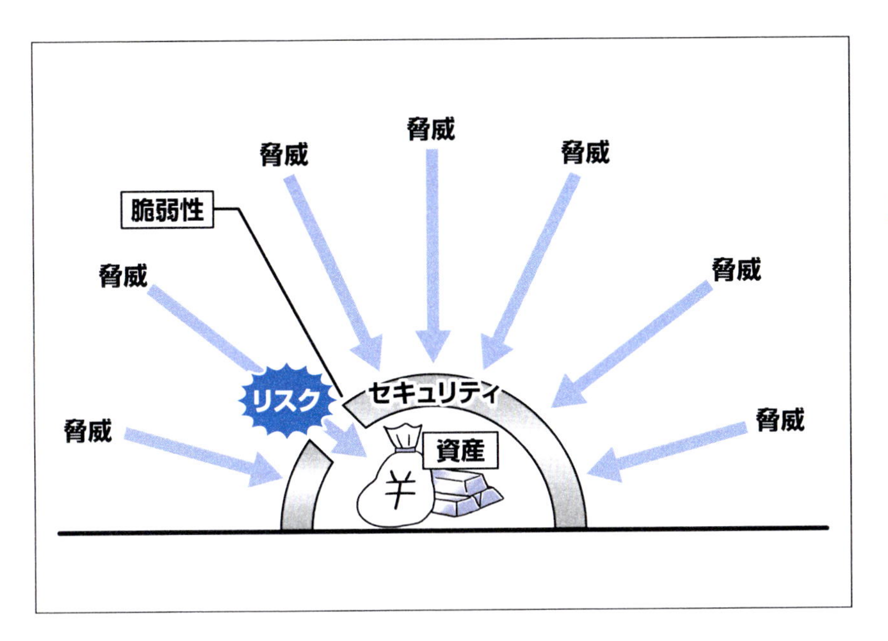

上図は資産、セキュリティ、脅威、脆弱性、リスクの関係を表しています。セキュリティを考える場合はこの図を思い起こして考え、セキュリティ上の弱点である脆弱性をどのようになくしていく(少なくしていく)かを考えます。

SECTION-05

情報資産の要素区分

情報資産がどのようなときに価値が失われるかで次の3つの要素に区分されます。

◆機密性(confidentiality)

機密性とは、情報へのアクセスが認められた人だけがアクセスできる状態を保つことです。情報資産が漏えいしたときに損なわれる価値が高い場合に高くなる要素です。

◆完全性(integrity)

完全性とは、情報が意図しない内容の変更(改ざん)、破壊、消去されていない状態を保つことです。情報資産が改ざんされたときに損なわれる価値が高い場合に高くなる要素です。

◆可用性(availability)

可用性とは、必要なときに情報にアクセスできる状態を保つことです。情報資産を利用したいときに利用できない場合に損なわれる価値が高い場合に高くなる要素です。

これらの要素区分は、英語の頭文字を取って、「CIA」と略されることがあります。

そして機密性を脅かす脅威と可用性を脅かす脅威は違うことがあります。たとえば、ネット通販会社のWebサイトが情報資産の場合、機密性も完全性も可用性も重要ですが、それぞれ次のようにリスクは違っています。また、情報資産によっては複数の要素にまたがるときもあります。

- 機密性……不正アクセスによる顧客情報の流出、顧客のパスワードの漏えいによるなりすまし、内部犯行による個人情報の流出
- 完全性……ホームページが改ざんされ不正なサイトへ誘導されてしまい、顧客のパソコンがウイルス感染する
- 可用性……システムの不具合による長時間停止に伴う売り上げ減少

拡張された情報セキュリティの要素区分

CIAとは別にJIS Q 27001:2006では、情報セキュリティの特性として、真正性、責任追跡性、否認防止、信頼性の4つを挙げています。これらの4つの特性は、主要特性の「機密性」「完全性」「可用性」から導くことができるものとされています。

特性	説明
真正性(authenticity)	なりすましや偽でないことを確実に証明できること
責任追跡性(accountability)	ある結果を招いた原因が一意まで特定できること。主にログなどから確実に原因となった人物までトレースできるようにするときに使われる
否認防止(non-repudiation)	ある活動または事象が起きたことを、後になって否認されないように証明すること。責任追従性と似ているが、こちらはデジタル署名などのときに使われる
信頼性(reliability)	あるものが意図した通りに確実に動作すること

SECTION-06

リスク対策の方法(リスクアセスメント)

リスク対策を行う場合には、セキュリティを考えるスコープを明らかにして、その中の情報資産を洗い出し、その情報資産に対する要素区分ごとの脅威と脆弱性を洗い出して一覧表にまとめます。情報資産や脅威、脆弱性を定量化できる場合はその積からリスク値を算出し、基本的にはそのリスク値の大きなものから対応していけばよいわけです。

その結果、リスクに対してどのように対策を行うかがリスク対策方法になります。リスク対策方法には次の4つがあります。

また、このようなリスクの分析工程をリスクアセスメントと呼びます。

リスク回避

「危ないから使うのをやめよう」というのがリスク回避の典型例です。多くの場合、リスクが高く、使うことによるメリットが少ないとリスク回避されることが多いようです。日本では多くの場合、USBメモリの利用をリスク回避で禁止している会社が多いようです。

リスク低減(軽減)

一般的にリスクの発生頻度を減らすのが低減、リスクが顕在化したときの損害額を低くすることを軽減といいます。セキュリティの専門家でも使い分ける人は少ないのですが、脅威値が一定で情報資産価値が一定で、しかもリスク値を下げたい場合は、脆弱性を低くするしかないことを考えると、実際には「低減」という言葉を使うことが適切だと思われます。

リスク低減は最も一般的なリスク対策で、「アンチウイルスソフトをすべてのパソコンに導入して統合管理する」とか「ファイアウォールと侵入検知装置を導入して不正アクセス対策をする」というようなものがリスク低減にあたります。ここで問題となるのはリスクを100%低減することはできないということです。リスク低減をしても残ってしまうリスクのことを残存リスクといいます。

リスク受容（保有）

簡単にいうと「リスクを甘んじて受け入れる」ということです。リスク値が少なく、年間の対策費の方が年間の損失額よりも高額な場合などはリスクを受容した方が企業としての利益が高くなります。このような場合にはリスク受容することが多いようです。リスク低減した残存リスクについてもリスク受容の対象となります。企業のリスクを受容するのは経営判断になるため、多くの企業では経営者からセキュリティに関する権限と、セキュリティ対策のための経営資源を割り当てられている情報セキュリティ担当役員が受容します。

リスク移転

リスク回避も低減もできないが受容できるほどリスクが低くない場合や、リスクを低減してもなお残存リスクが高い場合に、リスク移転という対策が取られます。簡単にいうと、自社の損失を他社の損失にしてしまおうということです。たとえば、個人情報の漏えいリスクに対して「個人情報漏えい保険の契約をする」というようなことがリスク移転にあたります。

リスクアセスメント表

情報資産や脅威、脆弱性、リスクなどを書き出し、そのリスク対策をどのようにしていくかまとめた表のことを「リスクアセスメント表」と呼びます。自社の情報資産に対するリスクが一覧できるため、最も危険な部分から対策を打てるメリットがあります。

◉リスクアセスメント表の例

情報資産	要素区分	資産価値	保管場所	脅威	脅威値	脆弱性	脆弱値	リスク	リスク値	リスク対策	対策内容
未発表の新製品情報	C	5	社内ファイルサーバ	アクセス権の設定ミス	3	ヒューマンエラー	2	アクセス権の無い社員に漏えいする	30	低減	アクセス権の棚卸、DLPソフトの導入
	C	5		内部犯行による持ち出し	5	内部犯行	5	競合他社に秘密情報が漏えいする	125	低減	DRMソフトの導入、契約
	C	5		標的型マルウェア	5	対策不備	5	競合他社に秘密情報が漏えいする	125	低減	標的型マルウェア対策製品の導入、DRMソフトの導入
	A	3		ファイルサーバの故障	5	機械の信頼性の限界	2	情報が利用できないことによる業務の停滞	30	低減	ファイルサーバの冗長化

この例に挙げたリスクアセスメント表は次のような視点で作成しています。

◆ 情報資産

情報資産は、守るべき情報をできるだけ挙げます。複数の人数でブレーンストーミングの手法などを用いると効率よく洗い出すことができます。同じ情報資産でも時期により価値が変わるものがあります。

例に挙げた「未発表の新製品情報」なども発売前と後では資産価値が変わるものの1つです。リスクアセスメントをする際には資産価値が高い状態で評価するのがよいと思います。

◆ 要素区分と資産価値

要素区分と資産価値では、情報資産が要素区分ごとにどの程度の価値があるかを評価します。表の例では「未発表の新製品情報」の機密性(C)は5段階評価中で一番高い5というような評価になっています。

なお、CIAすべての資産価値が0の場合はリスク自体が存在しないのでリスクアセスメント表に記入しません。

◆ 保管場所

具体的に情報資産を守るときに保管場所を把握しなければ守るべき場所がわかりません。

たとえば、バックアップメディアの保管場所が金庫というときに、脅威が火災でリスクが高温によるメディアの故障だった場合の対策は「耐火金庫に保管する」とか「違う建物2箇所の金庫に保管する」などが考えられますが、現在の置き場所がわからなければ対策も考えられません。

◆ 脅威と脅威値

例に挙げた表では脅威も0～5の6段階で評価しています。6段階評価の場合は脅威が大きいほど5に近づけます。

◆ 脆弱性と脆弱値

例に挙げた表では脆弱性も6段階で評価しています。6段階評価の場合は脆弱性が大きいほど5に近づけます。

◆ リスクとリスク値

例に挙げた表では「資産価値×脅威値×脆弱値」がリスク値になっています。リスクが大きいほどリスク値125に近づきます。

◆ リスク対策

リスク対策として、「低減」「回避」「移転」などを決めます。

例の表にはありませんが、「低減」を選んだ際には「残存リスク」をさらに記入する場合があります。残存リスクがなくなるか受容できるほどリスク値が低くなるまで低減策を考えるためです。最後に残った残存リスクはセキュリティ担当役員が受容することを承認する企業もあります。

◆対策内容

リスク低減と移転のときは対策内容を記入します。

COLUMN

セキュリティ対策にかけてもよい金額について

リスク受容のところに少し書きましたが、セキュリティ対策にかけてもよい金額には上限があります。それを理論的に導き出そうという試みが「ALE法」です。ALE法は米国標準技術院(NIST)が推奨する定量的なリスクアセスメント手法で年間予想損失額(ALE)を求める方法です。国防や人命がかかったときは別ですが、通常の企業活動の場合は年間予想損失額を超えるセキュリティ投資は利益を下げるだけなので受容するか回避した方がよいということになります。

年間予想損失額は、次のように求めます。

$$ALE = ARO \times SLE$$

項目	説明
ALE(Annual Loss Exposure)	年間の予想損失額
ARO(Annual Rate of Occurrence)	年間に損失が発生する予想頻度
SLE(Single Loss Expectancy)	1回あたりの予想損失額

CHAPTER 03
情報セキュリティマネジメント

本章の概要

情報セキュリティは、機密性、完全性、可用性に対するいろいろな脅威から情報資産を守ることが基本です。そのために、技術的、物理環境的、人的、組織的にさまざまな対策を実施しなければいけません。ただし、多くの対策を実施すればするほどリソース（人、モノ、カネ）が必要になりますし、業務への影響も大きくなります。

そこで、現実的な対応ができるように体系立ててとらえたものが情報セキュリティマネジメントシステム（ISMS）です。ISMSは情報セキュリティを確保し維持するために経営層をトップにした組織的な取り組です。

情報セキュリティマネジメント

情報セキュリティマネジメント(Information Security Management)は、企業などの組織において情報セキュリティ対策を計画し、それを確実に実践することで、情報セキュリティのレベル維持や改善する活動のことです。この情報セキュリティマネジメントを組織的に推進するための管理の仕組みを、ISMS(Information Security Management System)、日本語で「情報セキュリティマネジメントシステム」といいます。

マネジメントシステムにおけるプロセスアプローチ

計画、設計、開発、製造などのプロセスフェーズごとに目的や役割を明確にし、各プロセスフェーズ間の相互関係を整理して、有効に機能させることによって、製品やサービスの品質向上につなげていこうという考え方を「プロセスアプローチ(process approach)」といいます。プロセスアプローチでは、継続的な改善活動を行うことが前提となっているため、プロセスを管理するための方法としてPDCAサイクルを用います。

このプロセスアプローチの考え方は、ISO(国際標準化機構)のマネジメントシステムの規格で採用されていて、ISO9000シリーズ(品質マネジメント)やISO14000シリーズ(環境マネジメントシステム)、ISO20000シリーズ(ITサービスマネジメント)などに採用されています。

PDCAモデル

ISMSを国内規格としてJIS(日本工業規格)化したのが、JIS Q 27001です。JIS Q 27001においても、プロセスアプローチが採用されており、PDCAサイクルにより継続的に維持管理をするような取り組みが規格化されています。

ISMSプロセスでは、お客様や取引先といった(利害)関係者から情報セキュリティに対する要求事項や期待事項をインプットとして受け取り、アウトプットとして情報セキュリティ向上の取り組みがなされます。

また、ISMSプロセスの内部においても、Plan(計画)、Do(実行)、Check(点検)、Act(処置)のPDCAサイクルを繰り返すことによって、ISMSプロセスを継続的に改善することが可能になります。

●ISMSプロセス

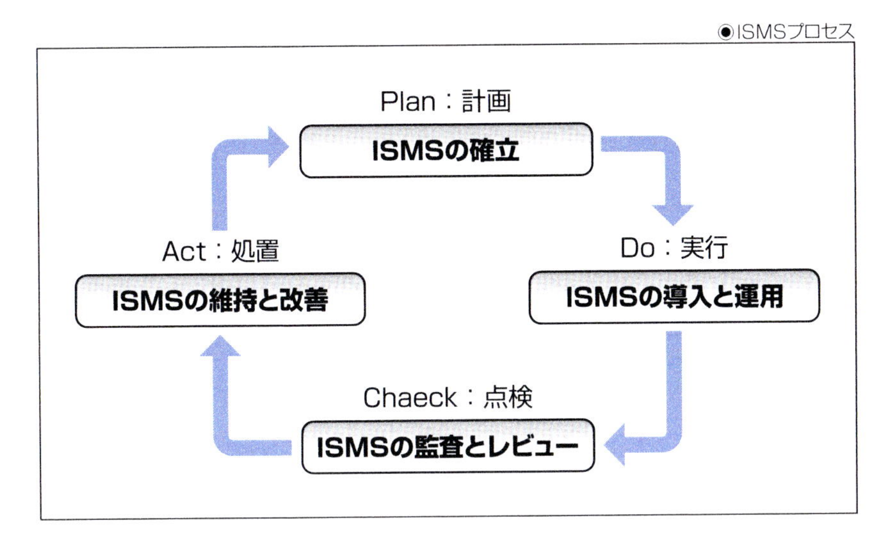

以下、PDCAサイクルに従った実施ステップを順に解説します。

◆ Plan：計画【ISMSの計画の確立する】

ISMS適用範囲の決定、ISMS基本方針や情報セキュリティ基本方針の策定、ISMS構築のための組織体制の整備、情報資産のリスクアセスメント、リスク対応、情報セキュリティ対策基準の策定などを行います。

ISMSの確立では、ISMSの基盤となる適用範囲を定義し基本方針を策定します。

これらに基づいて、リスクアセスメントを実施し、リスクに対応するための管理目的と管理策を選択します。残存リスクの承認を経営陣から得た上で、ISMSの導入・運用の許可を得ます。

ISMS確立の手順はさらに次のA～Jの10ステップからなります。また、この10のステップは大きく「3フェーズ」に分けられるので、それぞれ解説します。

フェーズ1：ISMSの適用範囲を定義する

A. ISMSの適用範囲を定義する

B. ISMSの基本方針を策定する

フェーズ2：ISMSの基本方針を策定する

C. リスクアセスメントに基づいて管理策を選択する

D. リスクを特定する

E. リスクを分析し、評価する

F. リスク対応のための選択肢を特定し、評価を行う

G. リスク対応のための管理策を選択する

フェーズ3：リスクについて適切に対応する計画を策定する

H. 残存リスクについて経営陣の承認を得る

I. ISMSを導入し、運用することについて許可を得る

J. 適用宣言書を作成する

フェーズ1：ISMSの適用範囲および基本方針を確立する

組織のどの部分をISMSの適用範囲とするかを定義し、文書化します。ISMS基本方針を策定し、経営陣の承認を得ます。

A. ISMSの適用範囲を定義する

組織として「どの範囲」にISMSを構築すべきかを最初に検討します。事業形態や組織、本社・支社等の所在地、情報資産の種類などの観点から検討して、ISMSの適用範囲として定義し文書化をします。

ISMSの適用範囲として、組織全体を対象とすることも、組織内のある一部門だけを対象とすることもできますし、同じ業務やサービスを提供する複数の部門を対象とすることもできます。

B. ISMSの基本方針を策定する

情報セキュリティに関連する活動の基本方針を確立して、ISMS構築のための組織体制を構築します。また、これらについて経営陣からコミットメント(組織として実施責任があることを利害関係者に宣言すること)を得ます。

ISMS基本方針は、その企業や組織の情報セキュリティに対する基本的な考え方を示したもので、ISMSの位置付けや目的、枠組み、情報セキュリティに関する活動の方向性(指針)の内容を明記します。

なお、ISMS基本方針は、情報セキュリティポリシーにおける情報セキュリティ基本方針とほぼ同じ内容のものになります。

フェーズ2：リスクアセスメントに基づいて管理策を選択する

リスクアセスメントを実施する手順を策定し、情報資産、脅威、脆弱性を洗い出してリスクを識別します。リスクアセスメントを実施してリスクを数値化し、その結果に基づいて、それぞれのリスクについて、どのような優先順位でどのような対策を取るかを決定します(これをリスク対応と呼びます)。リスク対応の結果に基づき、ISMS認証基準から必要な管理目的と管理策を選択したり、独自の管理策を追加したりします。

C. リスクアセスメントに対する組織の取り組み方法を定義する

フェーズ1で決定した方針に基づいて、組織としてどのようにリスクアセスメント(リスク分析からリスク評価までのプロセス)を行うかを定義します。具体的には、次のような作業を実施します。

- リスク分析の方法(ベースラインアプローチ、詳細リスク分析、組み合わせアプローチなど)の中から、組織にとって最も適切なものを選択する。
- リスクアセスメントの方法(情報資産の価値判断基準、脅威・脆弱性の評価基準、リスク値の算出方法など)を決定し、作業を実施するための手順を文書化する。
- 算出されたリスク値に基づき、どのようなリスク対応を取るかという方針や目標を設定する。

- 受容リスク基準（受容可能なリスクの水準）を定義し、経営陣の承認を得て決定する。

D. リスクを特定する

まず、情報資産を洗い出して情報資産台帳を作成し、資産価値に基づいてクラス分け（公開、社外秘、秘密、極秘など）を行います。次に、脅威と脆弱性を識別し、その大きさに従ってランク付け（低い、中程度、高いなど）を行います。

E. リスクを分析し、評価する

D.で特定したリスクについて、C.で定義したリスクアセスメントの手順に従い、実際にリスクを分析し評価して、それぞれのリスクごとにリスクの大きさを算定します。

F. リスク対応のための選択肢を特定し、評価する（リスク対応を行う）

E.で明らかになったリスクについて、どのような優先順位でどのような対策を講じるかを決定します。具体的には、E.で算定したリスクに基づき、リスク回避、リスク最適化（リスク低減）、リスク保有、リスク移転の中から適切な方法を選択します。

なお、この作業のことをリスク対応といいます。

G. リスク対応のための管理目的と管理策を選択する

F.のリスク対応の結果に基づき、ISMS認証基準（JIS Q 27001）の附属書A「管理目的及び管理策」から必要な管理目的と管理策を選択したり、その組織に独自の管理策を追加したりします。ここでいう「管理策」とは、個々の組織員が守るべき具体的な遵守事項（ルール）のことであり、情報セキュリティポリシーの情報セキュリティ対策基準に記載されている個々の対策の内容と同レベルのものです。

フェーズ3：リスクについて適切に対応する計画を策定する

経営陣によって残存リスクが承認され、ISMSの導入・運用の許可が経営陣から得られた場合には、適用宣言書を作成します。

H. 残存リスクについて経営陣の承認を得る

残存リスクとは、リスク対応を行った後にまだ残っているリスクのことです。残存リスクが受容リスク基準(受容可能なリスクの水準)を満たしているかどうかを検証・確認し、残存リスクについて経営陣の承認を得ます。

I. ISMSを導入し、運用することについて許可を得る

残存リスクの承認を得た上で、ISMSを導入し、実際に運用することについて経営陣からの許可を得ます。

J. 適用宣言書を作成する

適用宣言書とは、その組織のISMSで適用する管理目的や管理策などが記載された文書です。G.で選択した管理目的と管理策、これらを選択した理由を文書化し、適用宣言書にまとめます。なお、ISMS認証基準の附属書Aの管理策で除外したものがある場合には、その除外理由とそれに代わる管理策についても記載します。

◆ Do:実行【ISMSを導入し、運用する】

管理策(リスクへの対応策)の実施と有効性測定(効果的かどうか)、情報セキュリティ教育・訓練の実施、ISMS実施に必要な手順書の策定、運用状況の管理、ISMSの経営資源の管理(予算や人員など)、情報セキュリティインシデント(事故)への対応などが該当します。

ISMSの導入と運用では、リスクアセスメントに基づき作成したISMS基本方針、管理策(情報セキュリティ対策基準)、プロセス、手順を導入し運用します。また、導入したこれらの基本方針や管理策について有効性を測定する方法を規定します。

リスク対応計画

リスク対応計画は、リスクアセスメントの結果に基づき選択した、リスク対応のための管理策や管理目的について、実際の業務や情報システムに実装するための実行計画です。リスク対応計画には、管理策や管理目的を実装するための日程表、優先順位、作業計画、管理策を実施する責任などを記載します。なお、リスク対応計画には、リスクを低減するための管理策・管理目的だ

けでなく、導入した管理策や管理目的が有効に機能しているかを検証するための管理策・管理目的や、異常を検出するための管理策・管理目的なども含める必要があることに注意します。

経営陣には策定されたリスク対応計画を確実に実施する責任があり、計画の実行に必要な経営資源を割り当てるとともに、経営陣自身の役割や責任を明確にすることが要求されます。

管理策有効性の測定

情報セキュリティマネジメントを維持・改善するためには、導入した管理策や管理目的について有効性を測定し、管理目的が達成されているかどうかを評価する必要があります。有効性を測定する対象は、次の2つのレベルに分けられます。

- ISMSプロセス全体を対象とした有効性の測定
- 個々の管理策や一群の管理策を対象とした有効性の測定

個々の管理策の有効性を測定することは、ISMS全体のプロセスの有効性を測定することに貢献するものであり、最終的にはISMSプロセス全体の改善のために寄与します。

なお、有効性を測定する方法を決定する際には、次の点に留意します。

- 有効性の測定は定期的に行う必要があることから、繰り返し測定できること
- 測定結果の比較が可能であること

◆ Check：点検【ISMSを監視し、レビューする】

あらかじめ定めた期間で、管理策の有効性測定、ISMSの内部監査（セキュリティ監査）、ISMSのマネジメントレビュー（経営陣によるISMS改善のための意思決定プロセス）を実施します。

これらの結果をもとにして、ISMSの有効性や残存リスク、受容リスク基準（リスクとして受け入れる基準）などについて、定期的にレビューを実施します。

◆ Act：処置【ISMSを維持し、改善する】

ISMSの内部監査やマネジメントレビューの結果に基づき、重要な不適合部分の是正処置、予防処置、改善策を実施します。

SECTION-08

ISMS適合性評価制度

ISMS適合性評価制度は、組織体が構築したISMS(Information Security Management System、情報セキュリティマネジメントシステム)がISMS認証基準に準拠していることを第三者機関が認証する制度です。ISMS認証基準として国際規格との整合性が取られた国内規格を採用していることにより、国際的に整合性のとれた情報セキュリティマネジメントシステムに対する第三者適合性評価制度となっています。なお、実際の認証審査は、JIPDEC(一般財団法人 日本情報経済社会推進協会)が認定した第三者機関である審査登録機関が行っています。

ISMS認証基準

ISMS適合性評価制度では、JIS Q 27001:2014(ISO/IEC27001:2013)を認証のための基準として用いています。また、実際にISMSを構築・運用する上で欠かせない国内規格として、JIS Q 27002:2014(ISO/IEC 27002:2013)があります。

JIS Q 27001とJIS Q 27002はペアで用いられます。JIS Q 27001で要求している管理策を実施するための具体的な手引きがJIS Q 27002に規定されています。

JIS Q 27001:2014(ISO/IEC 27001:2013)

JIS Q 27001:2014(情報技術−セキュリティ技術−情報セキュリティマネジメントシステム−要求事項)は、ISMSの国際規格であるISO/IEC 27001:2013を国内規格化したものです。ISMSの構築・運用に関する認証基準であり、組織がISMSを構築・運用するための要求事項が、次のような枠組みで体系的にまとめられています。

0. 序文(Introduction)
1. 適用範囲(Scope)
2. 引用規格(Normative references)
3. 用語及び定義(Terms and definitions)
4. 組織の状況(Context of the organization)
5. リーダーシップ(Leadership)

6. 計画(Planning)
7. 支援(support)
8. 運用(Operation)
9. パフォーマンス評価(Perfomance evaluation)
10. 改善(Improvement)

また、附属書A「管理目的及び管理策」にはJIS Q 27002の概略が示されており、管理領域、管理目的、管理策などが記載されています。

JIS Q 27002:2014(ISO/IEC 27002:2013)

IS Q 27002:2014(情報技術－セキュリティ技術－情報セキュリティマネジメントの実践のための規範)は、ISMSの国際規格であるISO/IEC 27002:2013を国内規格化したものです。ISMSの構築・運用に関する実施基準(ガイドライン)であり、組織の情報セキュリティに責任を持つ人々に向けて、効果的なISMSを実施するための規範(ベストプラクティス)がまとめられています。JIS Q 27001の附属書A「管理目的及び管理策」の内容がより詳細に記述されており、それぞれの管理策ごとに「実施の手引き」や「関連情報」が示されています。そのため、ISMSの構築時において管理策を導入する際には、このJIS Q 27002を参照する必要があります。

JIS Q 27001:2014附属書A
A.5 情報セキュリティのための方針群
A.6 情報セキュリティのための組織
A.7 人的資源のセキュリティ
A.8 資産の管理
A.9 アクセス制御
A.10 暗号
A.11 物理的及び環境的セキュリティ
A.12 運用のセキュリティ
A.13 通信のセキュリティ
A.14 システムの取得、開発及び保守
A.15 供給者関係
A.16 情報セキュリティインシデント管理
A.17 事業継続マネジメントにおける情報セキュリティの側面
A.18 順守

情報セキュリティポリシー

情報セキュリティポリシーとは、企業や組織が保護すべき情報資産と、それを保護する理由を明確に記したものです。企業や組織が、情報セキュリティに対する考え方や取り組みを示すために策定します。そのため、情報セキュリティポリシーの策定する作業は経営陣(代表取締役など)が中心となって行うべきであり、次の2つの内容を含んでいることが要求されます。

- 情報セキュリティに対する経営陣の基本方針や考え方が明確に示されていること
- 情報セキュリティのレベルを適切に維持・管理するために遵守すべきルールが具体的に示されていること

また、策定した情報セキュリティポリシーは、文書化してすべての社員や従業員に配布し、組織員全員に周知徹底させることが重要です。情報セキュリティポリシーを周知徹底させるためのポイントとして、次の2つの事項が挙げられます。

- 責任者や組織員、従業員を含めたすべての利用者が、情報セキュリティの脅威および懸念を認識していること
- すべての利用者が、通常の仕事の中で組織のセキュリティ基本方針を維持することの重要性を認識していること

情報セキュリティポリシーを策定し、それを実践して適切に運用管理することによって、次のような効果が期待できます。

- 体系的で合理的なセキュリティ対策を実施できる
- 組織員の情報セキュリティに対する意識を高められる
- 顧客などからの対外的な信頼度が向上する

●情報セキュリティポリシーの体系

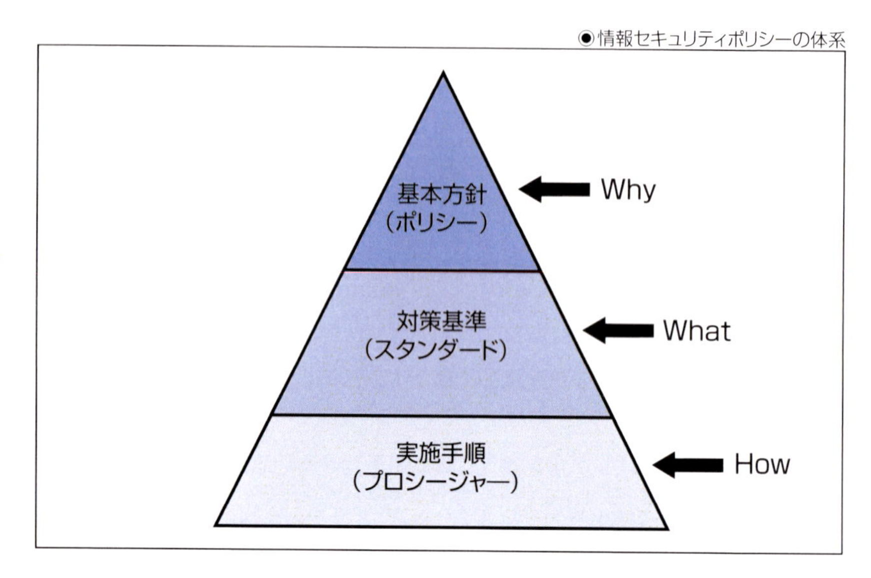

情報セキュリティポリシーの体系は、上図のようになります。「基本方針」「対策基準」「実施手順」は、具体的には、次のような内容となります。

- 基本方針……企業経営方針、目的、信条、道徳、責任などの明確化
- 対策基準……推進組織体制、方法論、実行手段、技術などの標準
- 実施手順……具体的な手順、手法、手段などの提示（選択の余地を残している）

SECTION-10

リスクとリスクマネジメント

情報セキュリティにおけるリスクマネジメント(risk management)とは、情報資産に対するセキュリティリスクを分析・評価して、優先順位を付けて適切な管理策を決定することによって、許されるコスト(費用)の範囲内でリスクを最小限に抑え、除去するようにコントロールする一連の活動のことです。リスクマネジメントでは、情報資産、脅威、脆弱性の3つの視点でリスクの大きさを評価し、そのリスクにどのように対応するべきかを決定し、適切なリスクの対応策を決定します。具体的には、次のようなPDCAサイクルで回します。なお、脅威とリスクについてはCHAPTER 02を参照してください。

- Plan……… リスクアセスメントを行う
- Do………… リスク対応を行う
- Check …… リスク対応計画を策定し、管理策を導入する
- Act………… 導入した管理策の妥当性を評価し、見直しと改善を行う

リスクアセスメントとは「リスク分析を行い、算定されたリスクについてリスク評価を行うこと」であり、リスク対応とは「リスク評価の結果に基づき、特定したリスクが受容可能なリスクの水準以下になるように適切な管理策(対策)を選択すること」です。

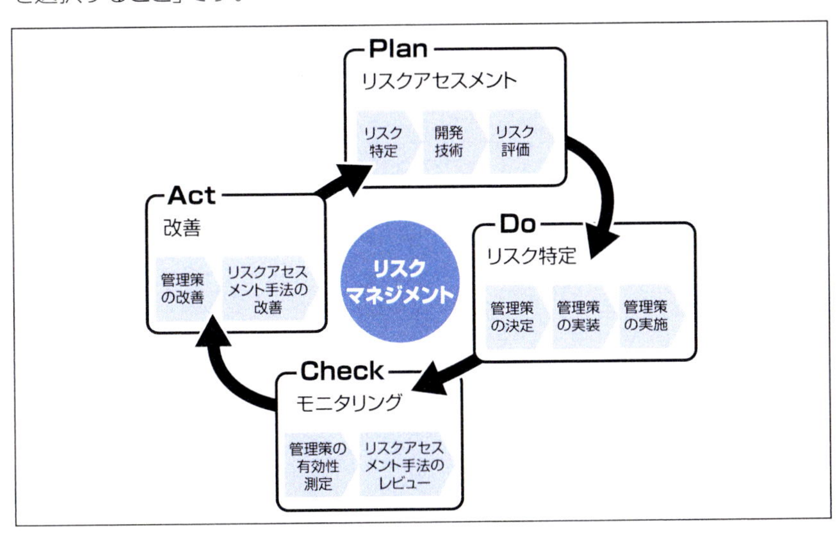

リスクマネジメントの例

ある大学生のAさんは資産としてノートPCを所持しており、自宅や大学などでインターネットに頻繁に接続し、さまざまな情報を収集したりレポートの作成を行ったりしています。

また、レポートの提出などで電子メールを利用することも多く、ノートPC内のアドレス帳には、友人やそのほかの人の氏名、メールアドレス、電話番号、住所などの個人情報が記録されています。

なお、Aさんは自分のノートPCに対して、ウイルス対策を行っていません。

では、早速Aさんの抱えるリスクを分析してみましょう。

AさんのノートPCには、脅威として「コンピュータウイルス」があり、それがつけ込む脆弱性が「ウイルス対策の欠如」です。

したがって、Aさんは、コンピュータウイルスがウイルス対策を行っていないことにつけ込んでノートPCに感染し、そのことによってアドレス帳に記録された個人情報を盗み出す可能性といったリスクを抱えているといえます。

◉AさんのノートPCに対する脅威

脅威	脆弱性	インシデント
コンピュータウイルス	ウイルス対策の欠如	個人情報の漏えい
コンピュータウイルス	ウイルス対策の欠如	データの破壊
不正アクセス	不適切なパスワード	不正行為の踏み台
復旧不能	バックアップの欠如	データの滅失

次に脅威や脆弱性の大きさをどのように表現するかですが、一般的に「リスク因子レベル」を使って表します。リスク因子レベルは脅威レベルと脆弱性レベルの総称で、脅威レベルは脅威の大きさを, その程度に応じて, 数値(たとえば、「1」「2」「3」「4」)で表したものです。

脆弱性レベルも同様に脆弱性の大きさを、その程度に応じて数値(たとえば、「1」「2」「3」「4」)で表したもとなります。

具体的な脅威レベルの例は、次のようなものになります。脅威の評価にあたっては、脅威の発生頻度や攻撃者にとっての情報資産の魅力などを考慮して、脅威レベルを判断します。

●脅威レベルの例

レベル	大きさの程度(発生頻度)
1	数年に1回程度発生する
2	年に1回程度発生する
3	月に1回程度発生する
4	ほぼ毎日発生する

同様に、脆弱性レベルの例は、次のようなものになります。脆弱性の評価にあたっては，脅威がつけ込む容易さなどを考慮して、脆弱性レベルを判断します。

●脆弱性のレベルの例

レベル	大きさの程度
1	脅威が発生しても，ほぼ完全に防御することができる
2	脅威が発生しても，ほとんど防御することができる
3	脅威が発生しても，ある程度防御することができる
4	脅威が発生すると，ほとんど防御することができない

では、AさんのノートPC対する因子レベルを評価してみましょう。

コンピュータウイルスはインターネット上に蔓延しているので、脅威レベルは「4」であり、コンピュータウイルス対策を実施していないので、コンピュータウイルスに侵入されると確実に感染してしまうことから、脆弱性レベルも「4」であると判断することができます。

リスク分析の最後のステップが、リスクの算定です。このステップでは，情報資産とリスク因子の評価に基づき，リスクの大きさを示すリスク値を算出します。「リスク値」とは、リスクの大きさであって、リスクが現実のインシデントとして顕在化する確率と顕在化したときの損失の大きさとの組み合わせによって算定されます。

リスク値 = 資産価値レベル × 脅威レベル × 脆弱性レベル

AさんのノートPCに対するリスク値は、算出式によりリスク値は3×4×4=「48」となります。

リスク分析に引き続くリスクアセスメントの作業が、リスク評価です。「リスク評価」とは、算出されたリスク値を与えられたリスク基準(リスクの重大さを評価するための尺度)と比較することにより、リスクの重大さを決定するプロセスをいいます。

対策を施すべきリスクなのか、それとも受容すべきリスクなのかを判断することを、「リスクの重大さの決定」といいます。対策を施すべきリスクと受容すべきリスクとを見極めるため、リスク評価ではリスク基準としてある一定の閾値(「リスクの受容可能レベル」といいます。)を定め、リスク値がその閾値を超えるリスクには対策を施し、そうでないリスクは受容するという判断をします。

次にリスクの受容可能レベルについて検討してみましょう。

リスクの受容可能レベルはいろいろな検討をした上で定められるものですが、ここでは、「24」という値を採用することにします。理由としては、ほぼ毎日発生する脅威に万一つけ込まれて、個人又は組織が甚大な被害を受けてしまうのを避けるためには、「資産価値レベル4の情報資産またはそのグループが、脅威レベル4の脅威をほぼ完全に防御することができる状態(脆弱性レベル1)になっている」ことが望ましいと思われます。これだと、リスクの受容可能レベルは「16」となりますが、少し余裕を持たせることが現実には必要なので「24」とします。

リスク値の早見表は次の通りです。

		脅威															
		1				2				3				4			
		脆弱性															
		1	2	3	4	1	2	3	4	1	2	3	4	1	2	3	4
資産価値	1	1	2	3	4	2	4	6	8	3	6	9	12	4	8	12	16
	2	2	4	6	8	4	8	12	16	6	12	18	24	8	16	24	32
	3	3	6	9	12	6	12	18	24	9	18	27	36	12	24	36	48
	4	4	8	12	16	8	16	24	32	12	24	36	48	16	32	48	64

これに基づいて、AさんのノートPCに対するリスク評価をしてみましょう。

リスク値「48」はリスクの受容レベル「24」を超えているので、リスク「コンピュータウイルスが、感染によりアドレス帳に記録された個人情報を盗み出すという可能性」に対しては, 何らかの対策を施すべきという判断になります。

ウイルス対策ソフトを導入し、それを常に最新の状態になるようにしておけば、コンピュータウイルスの侵入をほとんど防ぐことができるので、リスク値は「24」(=3×4×2)に下がり, このリスクを受容することができます。

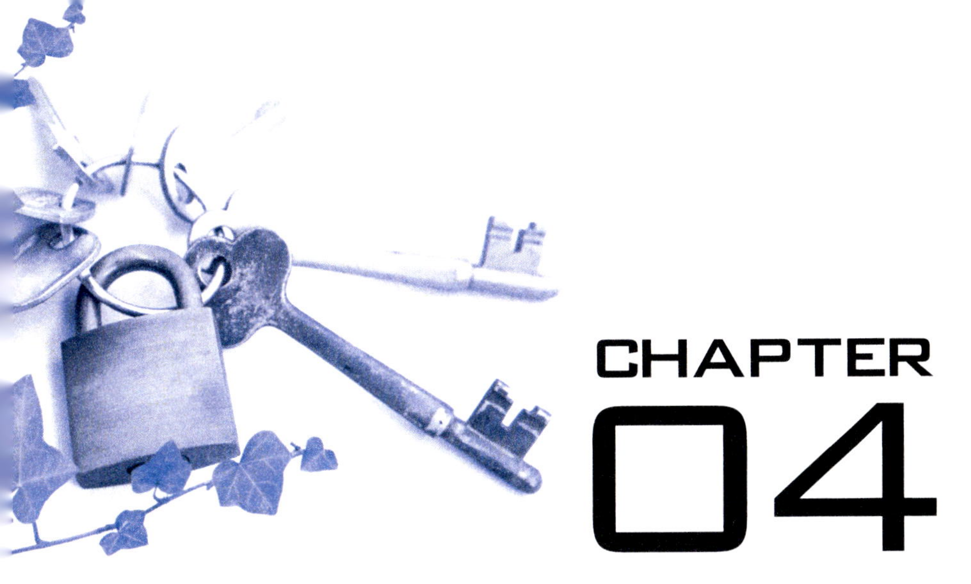

CHAPTER 04 攻撃とその手口

本章の概要

サイバー攻撃から情報資産の価値を守る立場の人はその脅威を正しく知る必要があります。脅威には自然災害や火災、ヒューマンエラーなどとは別に攻撃者が意図して行う攻撃があり、その手口を知らずに対策を考えてもまったく意味がないからです。この章では攻撃者の主な手口を紹介します。

SECTION-11

攻撃者と攻撃する目的

サイバー攻撃は2005年近辺を境にいろいろな面で変わってきました。以前はプログラム開発能力の高さを誇示する目的で個人的にコンピュータウイルスを作成したり、政府や企業のホームページを改ざんしたりすることが主でした。この「誇示」する目的故に、ウイルスに感染したユーザーはすぐに気付くものが多く、ホームページを改ざんされた企業は明らかに改ざんされたことがわかるものが主でした。たとえば、ウイルス感染したパソコンが歌を歌い出したり、改ざんされたホームページのTOP画像をほかのものに入れ替えたりというような具合です。

最近は目的が変わり、金銭目的のものや、政治目的のもの、軍事目的のものが増えてきています。ウイルスは長い間、見つからない方がより長く目的を遂行できるため、感染したことに気付かないように作成されていますし、ホームページも見た目ではわからないように改ざんします。たとえば、改ざんされたホームページにアクセスすると、知らないうちにウイルスがダウンロードされて感染したり、ウイルスに感染すると遠隔操作されて、知らないうちにインターネット上にある企業や政府のサーバーを攻撃したりするのですが、感染している人がそれに気付いていないことが大半です。

サイバー攻撃者も個人から組織に変わってきています。金銭目的のものはサイバーマフィア(cyber mafia)が多いといわれており、政治目的のものは「Anonymous」(アノニマス)や「LulzSec」(ラルズセック)というようなハクティビスト(hacktivist=政治的ハッカー)のものが多く、軍事目的のものは軍事機関が行っているといわれていますが、その真相は定かではありません。

	目的	攻撃者	特徴	対策
過去	愉快犯	個人	・すぐに気付く ・攻撃相手は無差別 ・マニアの趣味	・ウイルスはアンチウイルスソフトで対策できた ・ファイアウォールとセキュリティパッチで侵入を防げた
	金銭目的	組織	・マルウェアは感染していることに気付きにくい ・フィッシングメール、マルウェア、フィッシングサイト、ボットネットなどを組み合わせた攻撃が多い ・プロが仕事で攻撃・攻撃相手を特定したものが多い	・出入口対策や内部対策、サンドボックスを駆使してマルウェア対策をする必要が出てきた ・ファイアウォールとセキュリティパッチとIPSなどで防御しつつ、変更検知などを組み合わさなければ侵入を検知できなくなった
未来	政治目的、軍事目的	国家・軍?		

SECTION-12

攻撃の手口

サイバー攻撃の手口は、コンピュータシステムやインターネットを直接的に使わない攻撃と、使う攻撃に大別できます。前者をソーシャルエンジニアリング、後者をサイバー攻撃として、以下に概要と具体例を挙げます。

ソーシャルエンジニアリング(social engineering)

ソーシャルエンジニアリングとは、コンピュータやネットワークの技術を使わずに物理的手段や心理的な手段を使って攻撃の足掛かりになる情報収集を行うことを言います。ただし、インターネットメールやSNSを使ったものでも巧みな話術や人間の心理的な特性(脆弱性)を突いて行う攻撃もこれに含まれます。

ソーシャルエンジニアリングの主なものには、次のようなものがあります。

◆なりすまし(Disguise)

なりすましは、相手が警戒しない人を装って相手を騙し、パスワードや重要な情報を聞き出す行為のことです。具体的な例は、次の通りです。

- 会社の社員になりすましてIT部門に電話をかけてパスワードをリセットしてもらう。
- IT部門の人になりすましてユーザーに電話をかけ、パスワードを聞き出す。
- 会社のユーザーを装ってITサポートデスクに電話をかけ、業務システムのアクセス方法を聞き出す。
- 入社希望のある学生のふりをして人事部門にメールを送り、履歴書のファイルを装ったウイルスを添付し、実行させる。
- 息子のふりをして母親に電話をしてお金を振り込んでもらう。

◆ショルダーハッキング(Shoulder hacking)

ショルダーハッキングは、パソコンを操作する人を肩越しにのぞき見してパスワードや重要な情報を盗み見する行為のことです。ビデオカメラなどとの併用で、最近ではかなり高度なハッキングも可能になっています。具体的な例は、次の通りです。

- 腕時計型やペン型のビデオカメラでキー入力やスマートフォンのログインを盗撮してパスワードを盗む。
- 望遠レンズを使って隣のビルからキー入力を盗撮する。
- 物理錠をカメラで盗撮して合鍵を復元する。

ペン型や消しゴム型の
ビデオカメラで盗撮する

◆ ゴミ箱をあさる(Trashing)

会社のゴミ箱に捨てたゴミ箱をあさって、重要な情報を盗む行為もソーシャルエンジニアリングの一種です。トラッシングともいいます。

- 清掃員として会社に入り込み、ゴミ箱から情報をあさる。
- 清掃員として会社に入り込み、シュレッダーの中のゴミを持ち帰ってシュレッド前の情報を復元するという行為もある。

◆ 構内侵入

構内侵入とは、会社の建物などに侵入する行為です。トラッシングやショルダーハッキングを行うための予備動作として行われます。

- ICカードを持っている人の後ろから侵入する。
- 建物の脆弱な部分から侵入して金庫内から電子証明書を盗み出し、作成したマルウェアに署名する。

サイバー攻撃(cyber attack)

サイバー攻撃とは、コンピュータやネットワークの技術を使って攻撃を行うことをいいます。情報の詐取やデータの改ざん、破壊、サービス妨害などが主な目的です。

不特定多数を狙った通常のサイバー攻撃と特定の個人や組織を狙った標的型攻撃にも分けられます。狙うターゲットや目的もさまざまで、個人の預金を狙うものから政府などのホームページを政治目的で狙うもの、水道施設や電力施設などの社会インフラの制御システムを狙うものまであります。

◆DoS攻撃(Denial of Services attack)

DoS攻撃とは、通信ネットワークを通じてコンピュータや通信機器などに行われる攻撃手法の1つで、大量のデータや不正なデータを送りつけて相手方のシステムを正常に稼働できない状態に追い込む行為です。サービス不能攻撃/サービス停止攻撃とも呼ばれます。具体的な例は次の通りです。

- ある国の銀行のサーバーに大量のデータを送りつけてその国の金融機関を麻痺させる。
- あるネット通販会社のホームページに大量のデータを送りつけて、販売の妨害をする。

◆DDoS攻撃(Distributed Denial of Service attack)

内容的にはDoS攻撃と変わりませんが、DDoS攻撃(分散DoS攻撃)の場合は大量データの送信元が世界各地の大量のコンピュータから一斉にくることが特徴です。その大量のコンピュータがSNSなどで日時が決められ、多数のユーザーから行われる場合と、操作者は少数だがウイルスに感染して遠隔操作されている多数のPC(ボットネット)から一斉に行う場合があります。DoS攻撃と比較して多数のユーザーから一度にアクセスされるため、攻撃者と一般ユーザーの区別がつきにくく、防御は格段に難しくなります。金曜ロードショーで「天空の城ラピュタ」というアニメ映画が放映されるときにツイッターのサーバーに対して行われる「バルス」攻撃もDDoS攻撃の一種といえるかもしれません。具体的な例は次の通りです。

- ある国の銀行のサーバーにマルウェアに感染した世界中のパソコンから大量のデータを送りつけてその国の金融機関を麻痺させる。

- あるネット通販会社のホームページにマルウェアに感染した世界中のパソコンから大量のデータを送り付けて、販売の妨害をする。

◆ SQLインジェクション(SQL injection)

SQL(Structured Query Language)はデータベースに対する問い合わせ言語です。SQLで問い合わせるタイプのデータベースをSQLデータベースと呼びますが、多くのWebシステムではWebアプリケーションとSQLデータベースで構築されています。

たとえば、BLOGシステムの場合はその日の日記を書くときに入力フォームを表示してタイトルや本文を入力しますが、ここで入力したものはSQL文を利用してデータベースに書き込まれます。しかし、このタイトルや本文にSQL文を書き込まれてしまうと、意図しない誤動作が引き起こされてしまいます。結果的にはデータベースの中を書き換えたり、情報を抜き盗ったり、削除したりする攻撃になります。このような攻撃をSQLインジェクションといいます。

WebアプリケーションがSQL文を生成する際のパラメータにSQL文が入っていると誤動作するために、事前にパラメータ内のSQL文を取り除く方法もありますが、攻撃者もSQL文を16進数で書いてくる場合もあります。そこでプリペアードクエリという、あらかじめSQL文だけを送り、後からパラメータを送るプログラミング方式で対策を行います。

SQLインジェクションの具体的な例は、次の通りです、

- ネットショップのアプリケーションを攻撃して、顧客の個人データをデータベースから抜き取る。
- ブログを改ざんして本文中にスクリプトを埋め込み、ウイルスに感染させる。
- そのサイトのクッキー(cookie)[1]を改ざんしてSQL文を埋め込み、そのサイトにアクセスする。クッキーの読み込み部分にも対策は必要。

◆ クロスサイトスクリプティング(Cross Site Scripting)

クロスサイトスクリプティング(XSSと略されることが多い)とは、別の人が所有するWebサイトに悪意のあるスクリプトを書き込む攻撃手法です。たとえば、攻撃者が掲示板に悪意のあるJavaScriptやHTML文を書き込むことで、そのページを見る人たちのクッキー情報を抜き取ったり、入力フォームを表示させて個人情報を不正に取得したりすることができます。

---

[1]:クッキーとは、Webサイトの提供者が、Webブラウザを通じて訪問者のコンピュータに一時的にデータを書き込んで保存させる仕組みのことです。

この攻撃にはユーザーが入力フォームに書き込んだ内容がそのまま表示されるWebアプリケーションがあることが前提となります。この「そのまま」というところが脆弱性にあたる部分で、実際には入力された内容からHTMLやJavaScriptで使われる記号を処理することでクロスサイトスクリプティングは防ぐことが可能です。

たとえば、「<s>aaa</s>」と入力されたときは、「<s>aaa</s>」と表示するようにプログラムを書く必要があります。このように書き換えても表示上はまったく同じになりますが、HTML言語のタグとしての機能はなくなります。

クロスサイトスクリプティングの具体的な例は次の通りです。

- サイトにアクセスした人のクッキーを抜き取り、そのクッキーを使ってログインせずにサイトにアクセスすることでその人になりすます。
- ユーザーが知らないうちに悪意のあるサーバーにアクセスし、ウイルスに感染する。

◆ マンインザブラウザ攻撃(Man In The Browser)

マンインザブラウザ攻撃(MITBと略されることが多い)とは、ターゲットとなるパソコンに、ブラウザの通信を傍受するウイルスを感染させる攻撃手法です。オンラインバンキングなどにログインした後はブラウザを乗っ取って不正送金を行います。

◆ フィッシング/スピアフィッシング(Phishing/Spear phishing)

偽のメールで相手を騙す攻撃で、添付したウイルスを実行させたり、メール本文中のURLリンクをクリックさせて悪意のあるサイトに誘導したりします。メールを利用していますが、手口はソーシャルエンジニアリングそのものなので、ソーシャルエンジニアリングとサイバーアタックの中間的な攻撃といえます。

不特定多数を狙うものをフィッシング、特定の人物を狙うものをスピアフィッシングと呼びます。語源は「釣り」の「Fishing」から来ていますが、ハッカーたちがネット上でFをPhと表記する慣習から、英語表記する場合はPhishingと表記します。

ちなみにSpear Fhishingとは水中銃や銛を使った漁のことです。スピアフィッシングの場合は何回かのやり取りを行い、信用させたころに実際の攻撃を行うこともあるようです。

フィッシング/スピアフィッシングの具体的な例は次の通りです。

- 銀行を装ったメールで巧みに悪意のあるWebサイトに誘導し、IDやパスワード、暗証番号などを詐取する。
- 入社希望のある学生のふりをして人事部門にメールを送り、履歴書のファイルを装ったウイルスを添付し、実行させる。
- キャンペーン応募の宛先に応募者を装ってメールを送り、ウイルスを実行させる。
- 広報部門に取材申し込みのマスコミを装ってメールを送り、企画書に潜ませたウイルスを実行させる。

◆ ファーミング詐欺(pharming)

ファーミング詐欺は、フィッシングサイトに誘導する手段がフィッシングメールではなく、DNS(Domain Name Server)の改ざんで行うところが違いますが、サイトに誘導してからの手口はほとんど変わりません。ただ、ユーザーにしてみると正しいURLを入力しても、ブックマークしている銀行サイトにアクセスしてもフィッシングサイトに接続されてしまう点が大きく違います。

DNSとはURLをIPアドレスに変換する辞書のような装置で、通常はプロバイダーや会社システム部門が管理しているものを利用します。ユーザーにはわかりませんが、ブラウザにURLを入力するとパソコンのOSが「銀行のアドレスは何ですか?」とDNSに問い合わせ、その問い合わせ結果をもとに銀行のサーバーにつなぎます。

ところが攻撃者はこのDNSが答える情報をDNSキャッシュポイズニングという手口で書き換えてしまいます。ユーザーが本当のサーバーに接続されているか確認したい場合はサイト証明書を見ない限りわかりません。

◆ コンピュータウイルス/マルウェア(computer virus/malware)

マルウェアとは悪意のある人(攻撃者)が、その目的を達成するために作成したプログラムです。マルウェアが実行されると、ほとんどの場合はコンピュータの常駐プロセスになります。また、コンピュータを再起動したときにも自動的に実行されるようになります。この状態が「マルウェアに感染した状態」です。コンピュータウイルスはマルウェアの一種でほかのプログラムの一部を書き換えて感染するものをいいます。マルウェアにはウイルスのほかにも代表的なものとして「トロイの木馬」「ワーム」「スパイウェア」などがあり、次のような特徴があります。

マルウェア	説明
ウイルス	他のプログラムの一部を書き換えて感染する悪意を持ったプログラム。自己感染、潜伏機能、発病機能などを持っている
トロイの木馬	一度感染すると攻撃者はいつでも感染したコンピュータにアクセスし、中の情報を盗み出したり、踏み台にして他のコンピュータに攻撃をしかけたりして自由に操れる
ワーム	ウイルスと違い単独で感染していく特徴がある。ネットワークを介して次々にほかのコンピュータに感染していくものもある
スパイウェア	コンピュータの中の情報を盗み出す

最近ではマルウェアの機能が重複しているものも多く、マルウェアの中で分類することの意味が薄れているため、本書の中ではすべマルウェアで統一します。

◆ ボット/ボットネット/シーアンドシー(bot/bot net/C&C Comand and Control)

ボットはトロイの木馬の一種です。外部の攻撃者から命令を受け取り、それを実行します。ただ、通常のトロイの木馬と違うのは、同じボットを大量に束ねている攻撃者がいることです。このような攻撃者をたくさんの羊を束ねる羊飼いになぞらえて「ハーダー」(羊飼い)と呼びます。また、このようなボットの一群をボットネットと呼びます。ボットはC&Cサーバーを介して命令を受け取り一斉に動作したり、命令に従って集めた情報をC&Cサーバーに書き出したりするところが通常のトロイの木馬とは違います。

近年ではボットネットが社内ネットワーク上に作られてしまう事例もあります。社内業務システムを使う関係でブラウザやAdobe Reader、Flashのバージョンが古い場合もあり、その脆弱性を利用して社内パソコンに感染します。一度入り込んでしまうと簡単にボットネットが構築されてしまいます。また、C&Cサーバーと通信している感染パソコンを切り離しても次々と他のパソコンが感染して新たなボットが出現し、モグラたたきのようになることがあります。このような場合、C&Cには直接、接続しないボットネットを維持するための感染端末がいる場合もあります。

SECTION-13

攻撃の組織化・分業化

攻撃は前述の通り、個人から組織に変わってきています。たとえば、次のように連携して攻撃しているのではないかといわれています。

金融系のフィッシング詐欺

金融系のフィッシング詐欺の例を紹介します。

- プロジェクトを計画と進行を行うプロジェクトマネージャー
- フィンシングメールの内容を作成するソーシャルエンジニア
- メールの送り先リストを提供する個人情報セラー
- ボットネットを使ってフィッシングメールを送付するボットネットハーダー
- 脆弱性のあるサーバーを乗っ取りフィッシングサイトとなるサーバーを用意する人
- 実際にフィッシングサイトに書き込まれた時点で、その人の預金口座にアクセスしてお金を盗む人

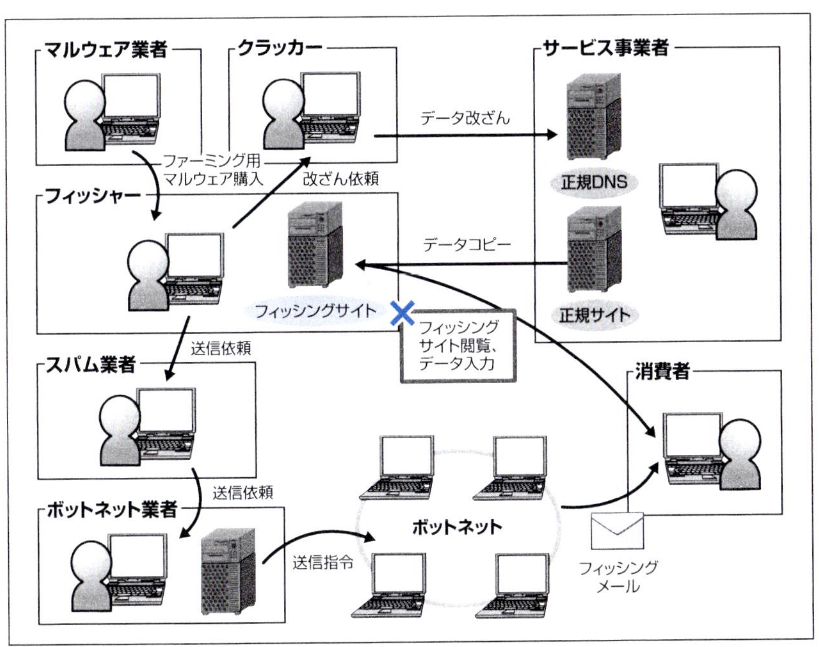

※フィッシング対策協議会発行「フィッシング対策ガイドライン」より抜粋
(https://www.antiphishing.jp/report/guideline/antiphishing_guideline2013.html)

マルウェアのオートメーション化

マルウェアの作成も次のように分業化されているといわれています。

- DIYキット(マルウェア開発ツール)を作る人
- アーマリングツール(アンチウイルスソフトの解析で検知されないようにDIYキットで作成されたマルウェアを難読化、暗号化するツール)を作る人
- QA(quality assurance)ツール(実際に作成したマルウェアが市販のアンチウイルス製品で検知されないことを確認するツール)を作る人
- 上記のツールを購入してマルウェアを作成する人

DIYキットは1992年ころにアメリカの15歳の少年によって作られたVCLが最初だといわれています。現在ではボットネットの開発ツールなどもあり、高度化が進んでいます。脆弱性を突いて感染する部分などがすべてツール任せにできるため、マルウェアを作成するスキルの底上げがされ、多くのウイルス製作者を生み出す原因となっています。

しかも、DIYキットでは生成ボタンを押すたびに、そのときの時間をシードにしてコンパイルする関係で、同じ機能を持っていてもファイルの比較をした場合には別のファイルになるように作られます。主なアンチウイルスソフトはファイルの同一性を見てウイルスを検知するため、このような手法で作られるようになると検知できなくなってしまいます。

さらに、アーマリングツールで難読化されたマルウェアは振舞を分析することが困難になり、振舞検知も潜り抜けるようになります。

最後のQAツールでマルウェアの品質をチェックしてから出荷されるためアンチウイルスソフトに検知される方が稀になりつつあります。

COLUMN マルウェア対サンドボックス

マルウェアを実際に仮想環境で動作させ、その振舞を見て検知しようとする技術にサンドボックスというものがあります。サンドボックスとは子供が遊ぶ砂場が語源になっていて、ほかに影響を与える心配がない環境を意味します。サンドボックスは実害のないところで実際にマルウェアを動作させるため、どんなにハッシュ値を変えようが、難読化しようがマルウェアを発見できるメリットがあります。

しかし、マルウェアを作る側もこのサンドボックス技術に対していろいろと対抗してきています。マルウェアがサンドボックスの中では動作しないように作られるようになったのです。最初は実行してから悪さをするまでの時間を15分置くだけでサンドボックスを欺けました。そのようなマルウェアもサンドボックスで検知されるようになると、次はデスクトップ上のアイコンの数を数えて少ないものはサンドボックスだと判断して動作しなくしたり、マウスの動きを検知してマウスの動きが少ないと動作しないように作ったりと攻防が続いています。

ウイルス黎明期と違い、プロ対プロの攻防なので、永遠に続くのかもしれません。

COLUMN 産業システムに対する標的型攻撃(APT)について

2000年以降、特に米国においては、政府機関や企業や組織のみならず、国の重要インフラを狙った事件が発生しました。2010年には、中東イランの核施設にあるSCADAシステムが、何者かによるサイバー攻撃の標的となりました。いわゆる、スタックスネット(Stuxnet)[2]の登場です。

SCADA(Supervisory Control And Data Acquisition)とは、インターネットから隔離された産業用制御システムを指し、特に、遠隔監視制御や関連する情報システムをいいます。このシステムへのサイバー攻撃により、核施設内にある遠心分離機を制御する制御装置のプログラマ

[2]:The Stuxnet Worm(http://us.norton.com/stuxnetおよびhttps://en.wikipedia.org/wiki/Stuxnet)

ブルロジックコントローラ(PLC:Programmable Logic Controller)が高度なハッキング技術を備えた何者かにより乗っ取られ、周波数変換装置のパラメータが変更される事件が発生しました。

この事件をきっかけに、サイバー攻撃の対象が情報システムだけではなく、重要インフラにもその範囲が拡大したことを世界に知らしめたと同時に、必ず攻撃者は、攻撃活動について具体的な意図を持つという意味では、この事件をきっかけに、標的型攻撃(APT:Advanced Persistent Threat)も知られるようになりました。

◉米国における政府・企業に対するサイバー攻撃の事例

時期	攻撃対象となった施設・人物	備考
2004年	ロッキードマーチン社、サンディエゴ国立研究所、レッドストーン兵器庫、米国航空宇宙局など	2005年12月SANS責任者が、中国軍関係のハッカーが米国のシステムに関する情報収集を目的として攻撃したと発表
2006年	米国国務省東アジア局(United States Department of State)	国務省は、同省アジア局職員が誤って危険な電子メールを開封したと認めた。それにより東アジア全体の米国大使館のシステムに侵入し、ワシントン本部まで侵入したと発表
2006年	フランク・ウルフ議員、クルス・スミス議員	フランク・ウルフ議員は2006年以降、PC4台が不正に侵入されたと発表。クルス・スミス議員は、所属委員会のPC2台が06年、07年に攻撃されたことを公表
2006年	米国商務省産業安全保障局	ユーザーアカウントの入手を目的とした攻撃。ただし、データ侵害は認められなかったと公表
2007年	米国海軍大学校(United States Naval Acadmy)	国防総省の1万2000台のコンピュータネットワークと500万台のコンピュータの警戒レベルを上げた。FBIとNCIS(海軍犯罪捜査局)が捜査を実施
2007年	米国国務長官カルロス・グテイエレス氏所有のノートPC	PCデータのコピーにより、商務省のコンピュータシステムへの侵入の痕跡が認められた
2009年	インドネシア・イラン・フィリピン外務省、ラオス首相府、NATO(北大西洋条約機構)、AP通信英国事務所	世界103カ国の政府施設がGhostNet(スパイネット)により侵害され、電子メールの添付ファイル経由で、特定PCのデータを検索、他デバイスの遠隔操作を実行可能
2009年	戦闘機の開発を請け負っている複数の会社	F35統合打撃戦闘機の設計データがP2Pにより流出
2009年	世界の石油、エネルギー、製薬会社	油田やガス田事業の入札に関する機密ファイルやファイル情報が窃盗
2010年	Google、Adobe、Symantec、Yahoo!など、30社に及ぶITグローバル企業	ゼロデイ攻撃によりエンドPCを乗っ取り、遠隔操作によって特定企業のシステムに侵入。スパイ行為や知的財産の窃取が目的

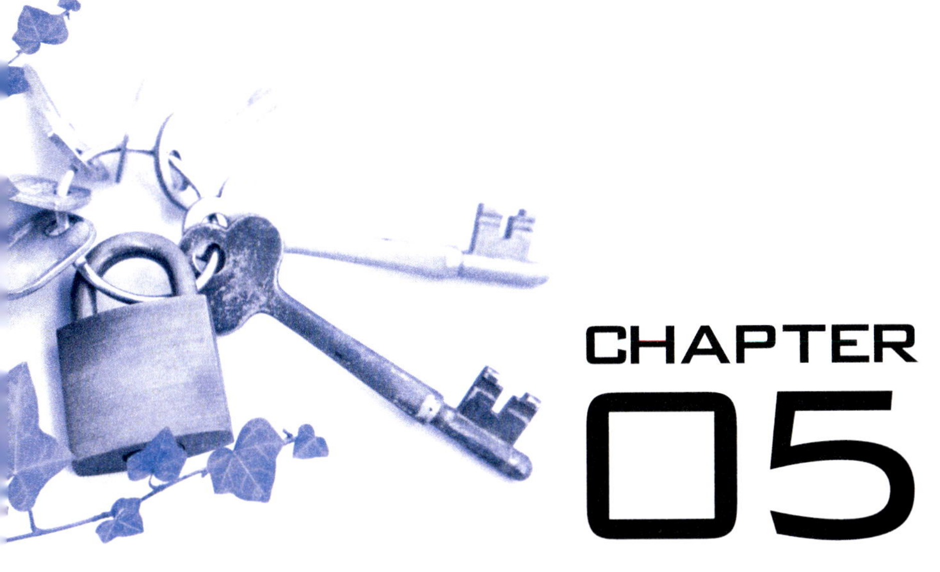

CHAPTER 05 コンピュータネットワークの防御

本章の概要

サイバー攻撃の多くはコンピュータネットワークを利用して行われます。この章ではサーバーへの侵入行為、乗っ取り、Webアプリケーションへの攻撃、マルウェアの送りこみなど、ネットワークを通じて行われるさまざまな攻撃をネットワーク上で検知し防御する方法を紹介します。

コンピュータネットワークの用語

コンピュータや電子機器それぞれが通信するために利用する通信インフラをコンピュータネットワーク(以降、ネットワーク)と呼びます。ここではネットワークについて、ネットワークの防御を知る上で必要最低限の知識を解説します。

用語

まずは基本となる用語を押さえておきましょう。

用語	意味
LAN(Local Area Network)	1つの社屋または家庭などの構内のネットワークをいう
WAN(Wide Area Network)	大きな会社で複数の事業所がある場合に拠点間を結ぶネットワークをWANと呼ぶ
プライベートネットワーク	LANとWANを組み合わせて作った社内ネットワーク、または家庭内ネットワークで閉域でのみ通用するネットワークアドレス(プライベートアドレス)を利用しているネットワークをプライベートネットワークと呼ぶ
インターネット	世界中の機器同士が通信するネットワーク。インターネットで通信するためにはグローバルアドレスが必要となる
DMZ (DeMilitarized Zone/非武装セグメント)	プライベートネットワークとインターネットの間にあるネットワークでインターネットからプライベートネットワークからもアクセスできるネットワーク。社外に公開するサーバーでグローバルアドレスを持つ機器を設置する
ルーター(Router)	ネットワークとネットワークをつなぐ機器。通常は2つのネットワーク間では通信できないが、その両方のネットワークをルーターが接続することで通信ができるようになる。設定方法によりアクセス制限をかけることも可能

ネットワーク構成

ネットワークは概ね次のような論理構成をしています。次のネットワークセキュリティはこの簡単な構成図を念頭に置いて読み進めてください。

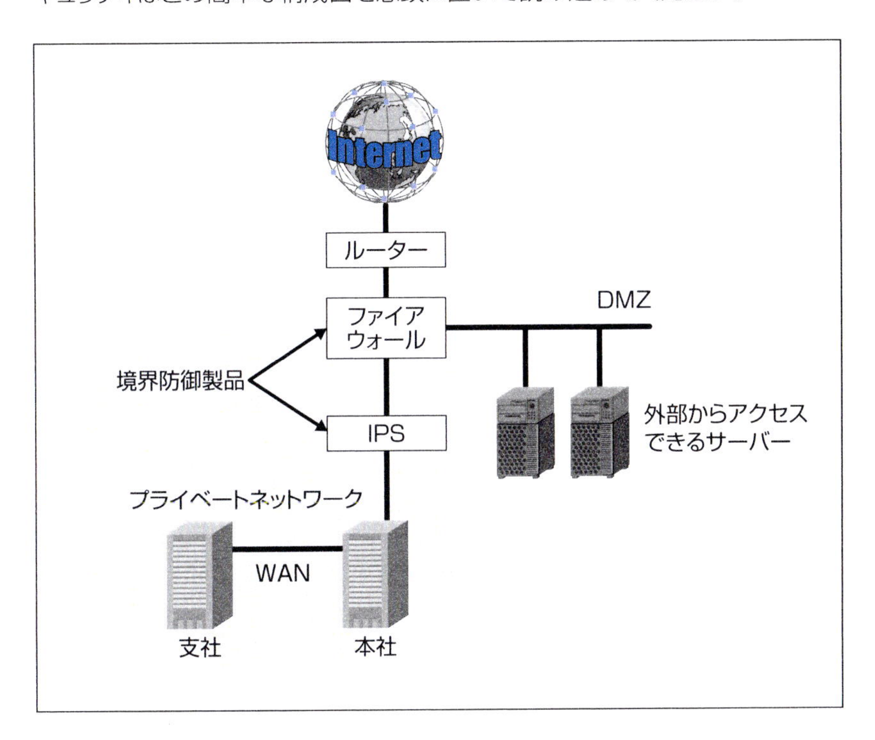

ネットワークセキュリティ

コンピュータネットワークが出現し、多くの企業や家庭がインターネットに接続されるようになるのとほぼ同時期にネットワークを介した攻撃が誕生しました。ネットワークセキュリティはそれらの攻撃をネットワーク上で防御しようとするものです。インターネットとプライベートネットの境界で防御する「境界防御」や境界を越えて侵入した攻撃から防御する「多層防御」について紹介します。

ネットワークの境界防御

企業がインターネットにつなぐようになったとき、最初に行ったのが境界防御です。ここでいう境界とは、社内ネットワークとインターネットとの境界をいいます。社内側は信頼できるネットワーク(Trusted Network)、インターネット側を信頼できないネットワーク(Untrusted Network)と呼び、その境界でインターネットからの攻撃を防ぐことを考えました。まずは境界防御のための機器について紹介したいと思います。

◆ ルーターによる防御

インターネットとプライベートネットワークの間にルーターを置きます。インターネット側はグローバルアドレス、プライベートネットワーク側はプライベートネットワークアドレスを利用しているため、通常はお互いに通信ができませんが、NAT(Network Address Translation)やIPマスカレード(IP Masquerade)という仕組みを使ってルーターがアドレスを変換してくれるため通信することができます。

内側から外側への通信はルーターが持っているグローバルアドレスで内側の機器になり替わって通信してくれます。家庭に設置されているホームルーターの大半は内側からインターネットへの通信はすべてできるように設定されています。内側の機器は普通にインターネットのグローバルアドレスを指定することでインターネット上にあるサーバーなどと通信できます。

しかし、外側から内側の通信は簡単ではありません。内側の機器のプライベートアドレスを直接、指定してもインターネットからの通信ができないからです。外側から内側へ通信するためにはルーターが持つグローバルアドレスに対して通信します。そこでルーターの設定にインターネットから来たある種の通信を内側の機器にアドレス変換して転送する設定がされていれば通信が成立します。家庭用のルーターでは通常は何も設定されていないため、外側から内側への通信が何もできません。

このような設定になっているため、家庭のネットワークが外側から侵入される心配がほとんどありませんが、家庭用のルーターでもNATやIPマスカレードを設定すると家庭内のPCにインターネットからアクセスすること自体はできるため、設定する場合は外からの脅威に対して妥当な対処をすることを忘れてはいけません。

そのほかにもルーターでできるセキュリティ施策として、アクセスリスト(ACL)があります。標準では送信元IPアドレスのみでアクセス制御をしていましたが、拡張ACLではそれに加えて送信先IPアドレス、プロトコル番号、送信元ポート番号、送信先ポート番号なども条件に加えられ、後述するファイアウォールとできることは似ています。ただし、ルーターにはファイアウォールにあるような攻撃のログが確認できない、ACLの記述自体が見にくく、ポリシーが複雑なときに設定管理ツールがないなどのデメリットもあります。

◆ ファイアウォール

ファイアウォールとは、元々、「防火壁」という意味でインターネットからプライベートネットワークを防御するために作られました。家庭や小さいオフィスのようにインターネットに対して何も公開しない場合は別として、ある一定規模の企業でインターネットに何らかの機器を公開したい場合(社内メールサーバーに出先からもアクセスしたいなど)や、社内からインターネットへのアクセスを制限したいときは、インターネットとプライベートネットの間にファイアウォールを入れてネットワークを分離します。通常はインターネットと通信するためのルーターの内側に入れます。インターネットへ公開するサーバーはインターネットでも社内ネットワークでもないDMZに設置しますが、このDMZを分離するのもファイアウォールが行います。

ファイアウォールでは次のようなポリシーをかけられるようにできています。

- インターネットのあらゆる機器からDMZのメールサーバーに対してSMTP(Port25と465)のみの通信を許可する。

この場合、メールサーバーに対してSMTP以外の通信はまったくできないため、メールサーバーに対する脆弱性を大幅に低減できるようになります。

ところがファイアウォールはSMTPの通信プロトコルまでは見ず、単にSMTPで通常使われるポートを閉じているだけです。これをプロトコルの内容まで見てSMTP以外を遮断したい場合は、次の次世代ファイアウォールが必要になります。

ファイアウォールは運用管理の難しい機器の1つです。利用して数年経つと登録されているポリシーが膨大になるからです。システム担当からファイアウォールを開けてほしいという依頼は来るのですが、廃止されたシステムや実質的に使っていないシステムのルールが残ってしまわないように管理していく必要があります。特に広域災害が発生して、一時的に在宅勤務を認めた場合などは、通常業務に戻ったときに速やかにファイアウォールを閉じる必要があります。

申請方法や承認方法、ポリシーの棚卸を含めてファイアウォールの管理ルールを決めておくことが重要です。ポリシーが増えすぎて穴だらけになったファイアウォールはザルと同じだからです。

◆次世代ファイアウォール

通常のファイアウォールが送信元と送信先のIPアドレスと通信ポート(ネットワーク層)ぐらいしか見ないのに対して、次世代ファイアウォールはアプリケーション層まで見ることができます。たとえば、社内から社外に対してWeb通信は認めるがクラウドストレージは使わせたくないというポリシーを会社が持っていたとします。ところがどちらも通信でPort80と443を使う場合、今までのファイアウォールではこれらの通信を止めることができませんでした。

マルウェアも通信に80や443をよく使いますが、これらも含めてWebブラウジングのみの通信のみを認めて、そのほかの80/443を止めることができるところに次世代ファイアウォールの強みがあります。

◆IPS/IDS(Intrusion Prevention System/Intrusion Detection System)

IPSは不正侵入防御システム、IDSは不正侵入検知システムのことです。不正を検知するまではどちらも同じなのですが、IDSが検知して管理者に通報するだけなのに対して、IPSは検知するとその通信を遮断してくれます。

IPS/IDSにはネットワーク型のほかにサーバーにインストールするホスト型

のものがありますが、ここではネットワーク型のものについて解説したいと思います。

IPS/IDSには攻撃の検出方法により2種類に分類できます。1つがシグニチャ(Signature=不正検出)型、もう1つがアノマリ(Anomaly=異常検出)型です。シグニチャ型は脆弱性を狙った攻撃パターンを数多く記憶していて、その攻撃方法と同じだと識別されたものを検知します。アノマリ型は簡単にいえば普通じゃない通信が来たら検知する仕組みです。したがって、設置してしばらくは普通の状態を学習させる必要があります。最近ではシグニチャ型とアノマリ型の両方の方式で検出する機器が大半を占めています。

IPS/IDSには誤検知がつきもので正常な通信を遮断(フォルスポジティブ)してしまったり、異常な通信を見逃したり(フォルスネガティブ)することがあるため、IPSで導入する場合も最初は検知のモードで導入してチューニングしてから防御モードに切り替えるのが一般的です。

IPSを導入する1つのメリットとしてバーチャルパッチがあります。コンピュータのOSやミドルウェアには頻繁に脆弱性が発見されます。家庭のパソコンであればセキュリティパッチをあてて終わるのですが、業務用のアプリやインターネット上でサービスを行っているサーバーではパッチを当てる前に検証環境でパッチをあてて、アプリケーションに対して悪影響がないかを調べてから本番環境のサーバーに導入するのが一般的です。しかも何百台ものサーバーを運用管理している場合はセキュリティパッチを当てるだけで何日も徹夜作業が続くことがあります。

そのような状況を改善してくれるのがIPSのバーチャルパッチです。これを投入することにより新しい脆弱性に対する攻撃パターンをIPSが防御してくれるからです。

WAF(Web Application Firewall)

インターネットに公開しているWebサーバーは頻繁に攻撃されます。サーバーのOSの脆弱性やミドルウェアの脆弱性はIPSで防御されますが、それ以外のWebアプリケーションの脆弱性に対する攻撃に対して防御することも必要です。

Webサーバーの中にはHTMLだけで書かれるような静的なコンテンツとJavaScriptやJSP、Perl、PHPのようにHTMLの中にコードを埋め込んで動的に生成するコンテンツがあります。このようなコードを利用することでメールを送ったり、入力フォームに入力した内容を前述のSQLを使ってデータベースに登録したりするのですが、この部分が攻撃者に悪用されるとWebサーバーの管理者を偽った迷惑メールの送信とかデータベースに登録された個人情報の漏えいにつながります。

攻撃に対する最大の防御は動的コンテンツをコーディングする際にセキュリティに配慮したコーディングを行うことです。さらに重要なのが、Webサーバーに対して脆弱性の診断を定期的に行い、コーディングの脆弱性を取り除いておくことです。

ところが、それでも新しい脆弱性やそれに対応した攻撃手法が出ることがあります。コーディングに使われるミドルウェア(JSP、Perl、PHP)にも脆弱性が発見されることがあるからです。この場合、大量のコンテンツの中をチェックし、コーディングを直すには時間がかかるため、ネットワーク上でこれを防御することが必要になってきます。

WAFは、Webアプリケーションに対する攻撃パターンを検知し、遮断するネットワーク上の防御製品です。SQLインジェクションやクロスサイトスクリプティングなどのさまざまなWebアプリケーションに対する攻撃をネットワークのレベルではなくアプリケーションのレベルで解析するところがファイアウォールとの違いです。

前述のような新しい攻撃手法が出現した場合も、まずはWAFで防御を行い、その後にコーディングを見直していきます。

ネットワークの多層防御

ネットワークの境界で外部からの攻撃を防御できても、境界内部のパソコンがマルウェアに感染して、境界の外側から遠隔操作されることがあります。そしてこれらの通信がファイアウォールやIPSに発見されない場合は大きな情報漏えいにつながることがあります。

これらの被害は日本でも重大なセキュリティ事故としてたびたびニュースになっています。日本の国防や宇宙事業に携わる企業の情報漏えいや、国民の個人情報を扱う企業の個人情報漏えいはこのようなマルウェアによるものです。

このようなネットワークの境界で防御しきれずに内部に侵入してしまったマルウェアに対しても防御を行うことを多層防御といいます。多層防御製品を以下に紹介します。

◆ メール対策製品

メールからマルウェアに感染する方法は大別して2通りあります。1つがメールの添付ファイルにマルウェアが入っている場合で、もう1つがメール本文にマルウェアをダウンロードするサイトへのURLリンクが書き込まれている場合です。

これらを検知して取り除くのがメール対策製品です。メール対策製品は通常はメールの中継サーバーとしてメールサーバーの手前に設置され外部から受け取るメールと、内部から外部に送られるメールと内部でやり取りするメールを監視します。

添付ファイルがマルウェア感染している場合は添付ファイルを取り除き、URLリンクをクリックすることでマルウェアがダウンロードされてくるときはURLリンクを本文中から消してくれる製品もあります。場合によっては迷惑メールと同様にメール自体を届けない場合もあります。

メール対策製品は対応しているマルウェアにより価格が大きく違います。通常のマルウェアしか発見できない製品と、未知の(高度な)マルウェアも発見できる製品です。

未知のマルウェアに対応した製品には添付ファイルの中に不正なプログラムコードがないかを静的に解析する機能や、添付ファイルの中の実行ファイルを機器の中に作られた仮想的なパソコンの中で実行し、不正な行動をしないかを動的に解析する機能(サンドボックス)があります。

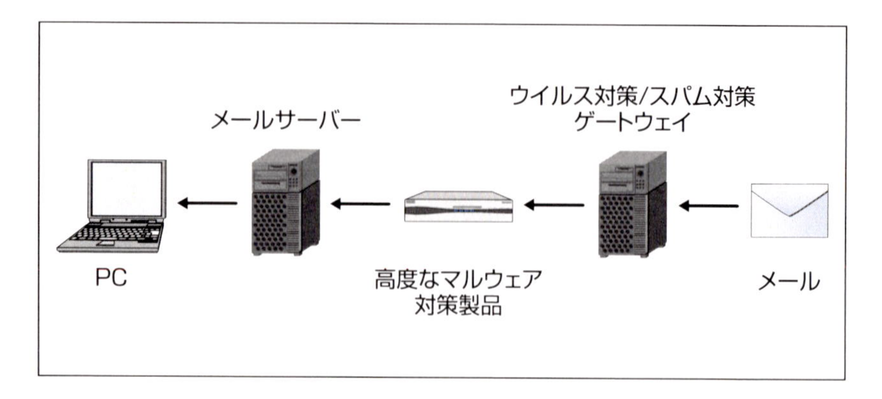

◆ Web対策製品

Web対策製品はWebプロキシとして設置され、プライベートネット上のパソコンからインターネット上のWebサーバーを閲覧中にダウンロードされるマルウェアを監視したり、C&Cサーバのように評判が悪いサーバに接続しないかを監視します。

監視する対象がメール対策製品と違いますが、内部の機能は似ていて、未知のマルウェアまで発見できる製品と通常のマルウェアしか発見できない製品に分かれます。

メール本文中のURLリンクをクリックした場合は、こちらの製品の中でもダウンロードファイルが通過し、検知されます。メール本文中のURLは着信したときに検査されますが、着信時とメールを開封する時には時間差があります。攻撃者はこの差を利用して、たとえば金曜日の夜遅くにメールを送信し、メール対策製品を通過して週末にメールボックスに入ったころを見計らってリンク先のファイルを通常のファイルからマルウェア付のものに変える手口を使いますが、その際もWeb対策製品で防御を行っていればマルウェアを検知できます。

◆ 出口対策製品

メール対策製品とWeb対策製品が入口対策製品といわれるのに対して、出口対策製品と呼ばれるものがあります。これは内部の機器がインターネット上の悪いサーバーとの通信を発見する機能を持ったものです。発見の方法は2つに大別され、1つは通信先アドレスをチェックして悪いサーバーを発見するもの、もう1つは通信方法がマルウェア独自の特徴的な通信内容を発見するものです。

出口対策製品だけで単独の製品は少なく、次世代ファイアウォールやIPSやWeb対策製品や後述する内部ネットワークの監視製品などの付加機能になっています。

◆ 内部ネットワーク監視製品

内部ネットワーク監視製品は、プライベートネットワークに侵入し、マルウェアがネットワーク上で活動を開始した場合にこれを検知して発見する製品です。出口に対して通信が発生しない、マルウェアの代表的な活動には認証サーバーへのブルートフォース攻撃(総当たり攻撃)やほかのパソコンへの感染活動がありますが、これらを発見します。ネットワーク上を通過するファイル転送やメールの通信まで監視する製品もあります。

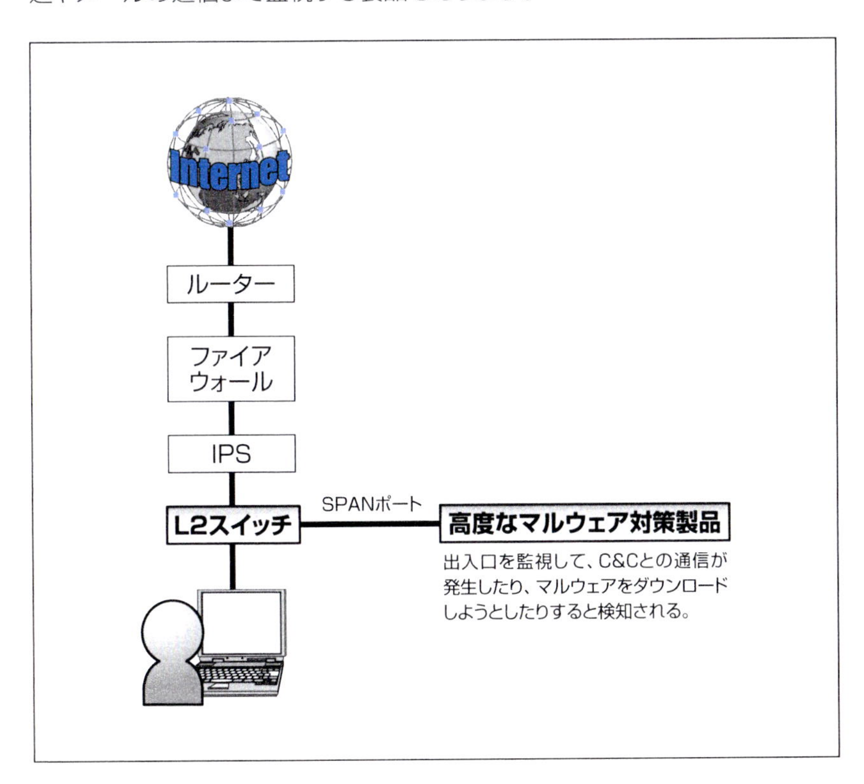

統合型のネットワークセキュリティ製品

ネットワーク型のセキュリティ製品が多くなると運用管理の面から複数筐体となっていることで弊害がある場合があります。たとえば、リースアップのタイミングがファイアウォールとIPSとWAFでズレがあって入れ替え時期がまちまちな場合に、ネットワークの停止回数も入れ替えにかかる人件費も増えます。また、小規模なサイトでは物理的にたくさんの機器を設置できない場合もあります。

そこで今まで説明してきたソリューションを合わせた機器も登場してきたので次に紹介します。

◆UTM(Unified Threat Management)

UTM(Unified Threat Management)は、直訳すると「統合脅威管理」ということになりますが、簡単にいうと前述のファイアウォール、IPS、WAF、メール対策製品、Web対策製品、出口対策製品などの機能をまとめた機器のことです。

課金体系は概ね「富山の薬売り」のようになっていて、最初からすべての機能がついていて、ライセンスを購入した機能だけをオンにできるようになっています。ただし、あらかじめどの機能を使うかを考え、サイジングを行ってから購入します。ファイアウォールだけを利用しようと購入した製品のIPS機能を使い始めた途端に処理能力が追い付かない、などとならないようにする必要があります。

当初はファイアウォールにさまざまな機能が付加されたUTMが主流でしたが、最近では負荷分散装置にさまざまなセキュリティ機能が付いた製品もあり、前述の機能以外にも不正送金対策やフィッシングサイトの発見など、今までのネットワーク製品では考えられなかった機能が実装された機器も発売されています。

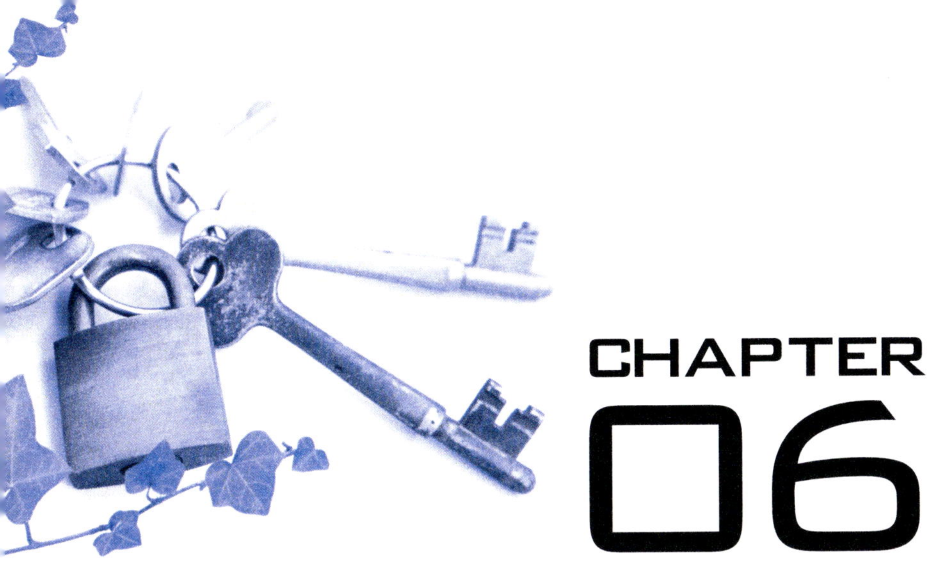

CHAPTER 06
サーバーOS防御の基礎技術

本章の概要

本章では、セキュリティの防御を強化するために、どのような理由でサーバーやOSの要塞化を行わなければならないかについて考えてみます。そのためには、まず要塞化を検討する上での必要な基礎知識を整理する必要があります。次に、システムの運用管理者の立場や攻撃者の視点を踏まえ、サーバーOSに対する要塞化問題を検討します。加えて、ウェブサービスにおける要塞化の事例について解説します。そしてさらに、システム環境に対して、要塞化を行うことのメリットとデメリットについて整理をし、最後に、運用面における要塞化実施の負荷とセキュリティ対策とのバランスについて解説します。

SECTION-16

要塞化(ハードニング)をなぜ行わなければならないのか

要塞化(ハードニング)とは、サーバーやOSにアクセスコントロールを実装するためのセキュリティ防御技術です。たとえば、サーバーやOSなどにあるバグやシステム設定ミスなどの脆弱性(セキュリティホール)をふさぎ、実装前や実装後のシステム環境を、より強固な状態にすることをいいます。ところで、なぜ運用の手間や時間をかけてでも、サーバーやOSをセキュリティ上、強固にする必要があるのでしょうか。

●サーバーOSの要塞化による技術的対策

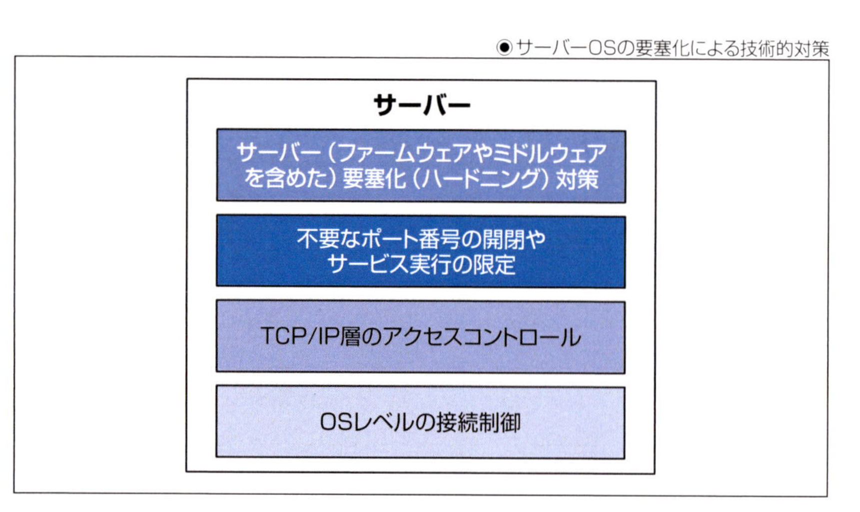

要塞化しないことのリスクとは何か(リスクの最小化)

要塞化を行う大きな目的の1つには、システム環境が脅威にさらされるリスクを最小にする、つまり、システムにおける脆弱な部分や、その可能性を減らす(またはなくす)ことにより、サーバーやOSにおける技術的なリスクの最小化を行うことが挙げられます。

たとえば、汎用性の高いサーバー製品などは、出荷時点において一定レベルのセキュリティ対策ですら行われていないものも少なくはありません。あるいは、システム導入の初期状態においては、不正アクセスや遠隔操作の原因ともなるコマンドやプロセスが起動する可能性もあります。こうしたリスクをシステム運用上、最小化するにはどのようにすればよいのでしょうか。具体的な要塞化対策については、82ページで検討してみましょう。

不要なポートやサービスをなぜ止めなければいけないのか

「使ってないから開けておいてよいだろう」と思っていたサーバーやOS上のポート番号やサービス・プロセスが、運用管理者の意図しないところで動いていた場合、システム全体はどうなるのでしょうか。私たちが日常的に利用するインターネット上においては、不正にポートスキャンや攻撃者による偵察行為が、日常的かつ無差別に行われています。そのため、要塞化が行われていないサーバーやOSの存在は、悪意ある者にとっては、大変恰好のよい餌食ともなってしまいます。

ただし、事前に要塞化が行われている場合には、攻撃者側の機会を低下させ、かつ、侵入が困難であると判断されることがあり、予防的にも攻撃を阻止することができることがあります。その意味においては、不要なポートやサービスを止めることにより、システム運用上、サーバーやOSが危険にさらされるリスクを低下するメリットがあると考えられます。

基本的なサーバーOSの要塞化の考え方

サーバーOSに対する要塞化については、次の対策を検討する必要があります。

◆ 不要なポートは閉じる

攻撃者や悪意のあるユーザーは、攻撃目的に応じて、まず対象となるOSサーバーを定めます。そのとき、最初に必要となる情報が、サーバーやOSのポート番号(ウェルノウンポート:well-known ports)です。そのため、システム管理者は、可能な限り不要なポートは開放せず、外部からの不正アクセスや内部へ侵入させる機会を低下させることが必要です。

◉検討すべき不要なポート番号

ポート	番号	リスク
ECHO	7	DoS(Denial of Service:サービス利用不能)攻撃を受ける危険性
CHARGEN	19	ほかのサイトのホストに攻撃する際の踏み台として悪用
FTP	21	ファイルへの不正なアクセス(読み書き)や管理者権限乗っ取り
TELNET	23	BruteForceの不正アクセスによりシステムへの侵入を許す可能性
TFTP	69	個別にアクセス制限を実施していない場合,誰でもアクセス可能となる危険性
FINGER	79	悪意の第三者が正規ユーザーになりすましてアクセスする可能性
SUN RPC	111	BruteForceの不正アクセスによりシステムへの侵入を許す可能性
NNTP	119	NetNewsで公開している情報書き換えやシステムへの侵入・破壊など
SNMP	161	この通信ポートを狙った不正アクセスや攻撃を受ける可能性

◆必要のないサービスやプロセス処理は停止する

ポート番号と同様、システム管理者は可能な限り不要なサービスを起動しないか、またはサービス自体を削除することが必要です。特に、サーバー機能をデフォルト値のままで運用すると、不正アクセスや外部からの踏み台に利用される危険性があります。

◆不要なコマンドやライブラリは削除する

熟練したシステム管理者になれば、GUI(グラフィックユーザーインターフェイス)やコントロールパネルで操作するよりも、コマンドプロンプトにより、サービスの状態を確認したり、ネットワークやプロセス処理の状態を確認する場合があります。しかし、この利便さは、攻撃者側にも同様で、たとえば侵入後、汎用性の高いコマンドやライブラリの脆弱性を突くことにより、権限昇格などの攻撃成功の可能性を高めることができます。

◆エディタやユーティリティがOS上にない状態にする

実際に攻撃者が侵入した状態においては、通常最小化されたコマンドラインの実行や遠隔操作のための通信やセッション数は限られています。そのため、要塞化が行われていないサーバーやOSにおいて、編集可能なエディタやユーティリティは、攻撃者側の極めて有益な攻撃のためのツールともなります。

◆サービス状態や使用環境に応じてセキュリティパッチを必ずあてる

OSやサーバーに対して、必要最低限のサービスやソフトウェアをインストールした後、既存にあるセキュリティホール(既知の脆弱性)の発見を逃れるために、開発元やベンダー企業から提供された修正プログラム(セキュリティパッチ)を適用する必要があります。

ただし、現在利用しているシステム基盤やアプリケーション環境においては、修正されたプログラムを適用することにより、運用上予期しなかった動作が起こる可能性もあります。そのため、パッチをあてる場合には、サービス状態や使用環境に応じて、修正プログラムを適用すると同時に、変更管理を適用することにより、運用上のエラーを未然に防ぐことも検討する必要があります。

◆デフォルトユーザーを削除する

インストール後のサーバーや初期設定のOS状態では、デフォルトユーザーアカウントやグループが存在している場合があります。攻撃者においては、こうしたデフォルトユーザーアカウントを利用することにより、時間や技術的な手間をかけずにサーバーやOSを乗っ取ることができます。また、再帰的に乗っ取る場合には、別なアカウントを作成する手間がないため、不要なユーザーは、攻撃者や不正アクセスを行うものにとっては、好都合といえます。

たとえば、Windowsの環境においては、『Administrator』という管理者権限を持つアカウントがありますが、システム管理者の初歩的なミスによりパスワードが推測された場合、容易にログインされてしまう危険性が考えられます。そのため、自組織において定めた情報セキュリティポリシーのルールやハードニングガイドにおいて、攻撃者や不正アクセスを行う者には推測されない管理者権限を持つアカウントを利用するといった工夫が必要です。

SECTION-17

攻撃や不正アクセスを前提としたサーバーとOSに対する要塞化の考え方

79ページでは、不要なポートを閉じておくことや必要のないサービスやプロセス処理の停止、そして不要なユーザーアカウントの削除について検討しました。このような対策は、リスクを最小化する点においては一見すると効果的ですが、果たして準備万全な要塞化対策といえるのでしょうか。

以下では、より具体的な攻撃を想定した要塞化対策について、検討しましょう。

ゼロティ攻撃(Zero day Attack)

ゼロデイ(Zero day)とは、ソフトウェアにセキュリティ上の脆弱性(セキュリティホール)が発見されたときに、問題の存在自体が広く公表される前に、その脆弱性を悪用して、攻撃が行われることをいいます。つまり、セキュリティパッチ配布が行われてしまう前や、またはシステム管理者がパッチ対応を行う前に、攻撃者は新たに発見された脆弱性の情報をクラッカーコミュニティで入手をし、要塞化が行われていないサーバーOSに対して、不正なアクセスを仕掛ける準備をはじめます。こうした脆弱性が発見される前の「時間差」を短くするためにも、要塞化対策を実施する必要があります。

バナーチェック(事前調査)

バナーチェックとは、コンピュータのOS種類やOSバージョン、あるいは、外部から侵入可能な弱点(脆弱性)がないかを調べる、いわば事前の調査(偵察行為)です。攻撃者にとって、バナーチェックを行う理由としては、たとえば、侵入や攻撃の下準備として、すでに脆弱性が知られているOSの種類やバージョンが動作していることがわかると、具体的な攻撃のきっかけやヒントをつかんだと判断することができます。

そのため、システム管理者においては、サーバーやOSの要塞化対策を確実に実施することにより、不正アクセスやサイバー攻撃に必要な情報をできるだけ開示しない措置が必要となります。具体的には、OSのバージョンが表示されるバナー情報やバージョン情報の詳細を表示しない設定やデーモンなどのプロセス処理を停止しておく必要があります。

スタックフィンガープリンティング(stack finger printing)

攻撃者による偵察行為として、より詳しくOSの種類やバージョンを調べる方法には、スタックフィンガープリンティング[1]があります。こうした偵察行為は、ターゲットとなるサーバーのOSを特定する事前調査の1つですが、攻撃者は事前にOSを特定することにより、あらかじめ成功確率が高く、かつ有効となる攻撃方法を決定することができます。

[1]: フィンガープリンティングとは「指紋(finger printing)」という意味で、WindowsやLinuxといったOSの種類を指しています。

SECTION-18

ソフトウェア更新による要塞化の考え方

これまではサーバーやOSを中心に、要塞化対策について検討しましたが、ここでは、ソフトウェア更新による要塞化の重要性とポイントについて、検討します。

Java SEを対象とした既知の脆弱性を狙う攻撃の流れ

この事例では、まず正規サイトが改ざんされ、そのサイトにアクセスしたユーザーを攻撃サイトに転送し、マルウェアに感染させようとするシナリオがあるとします。次に、スパムメールの本文内に記載されたリンクをユーザーにアクセスさせ、要塞化の行われていなかった攻撃サイトに誘導して、マルウェアに感染させようとする、Javaの脆弱性ついた攻撃パターンを検討してみます[2]。

1. 最初に攻撃者が本脆弱性を用い、正規のWebサイトを改ざんしExploitコードを埋め込む。
2. その後、ユーザーが別サイト経由で改ざんされたWebサイトを閲覧する。
3. そして改ざんされたWebサイトに埋め込まれたexploitコードが、ユーザーのWebブラウザで実行される。
4. 最後に攻撃者が、このユーザーのPC端末に侵入することが可能になる。

ソフトウェア更新による対応：Oracle Java SE 緊急パッチの更新(2011年10月)

本脆弱性に対して、もし要塞化対策をせず放置をした場合、二次的な攻撃の被害が拡大する可能性が考えられます。そのため、ソフトウェアベンダーが提供する対策済みソフトのアップデートの実施が推奨されています[3]。

また、JPCERT/CCにおいては、Oracle社のJava SE JDKおよびJREの既知の脆弱性を狙う攻撃を確認しています[4]。加えて商用の脆弱性診断ツールの一部[3]や、いわゆるガンブラー(Web感染型ウイルス[5])で用いられたExploit Kitの一部にも組み込まれており、要塞化対策の1つとして、ユーザーやシステム管理者にソフトウェア更新をするよう注意喚起を促しています。

---

[2]：Java SEを対象とした既知の脆弱性を狙う攻撃に関する注意喚起
(https://www.jpcert.or.jp/at/2011/at110032.txt)
[3]：Oracle Java SE 緊急パッチの更新 2011年10月
(http://www.oracle.com/technetwork/topics/security/javacpuoct2011-443431.html)
[4]：JREの脆弱性(CVE-2011-3544)を悪用するモジュール「java_rhino」
(http://www.exploit-db.com/exploits/18171/)
[5]：Webサイトを閲覧するだけで感染するウイルスを指します。

SECTION-19

要塞化のメリットとデメリット

要塞化対策のメリットとデメリットを整理してみましょう。

要塞化のメリット

要塞化対策のメリットは次の通りです。

- 攻撃者による不正調査やその後の攻撃から、サーバーOSのリスクを低下させることができる。
- サーバーOSに対する技術的な知識があれば、デフォルト値の設定をオンとオフにすることにより、セキュリティレベルを高めることができる。
- ハードニングを行うのに際し、特別なセキュリティツールを購入するはないため、セキュリティを向上させるための費用負担が少ない。

要塞化のデメリット

要塞化対策のデメリットは次の通りです。

- もし誤った構成や設定を行えば、正常にサービスや動作を実行することができない。
- システム管理者のミスなどにより、脆弱性が放置されたままと同様に、深刻なセキュリティホールを残しかねない。
- システムの規模やネットワークの範囲により、実務上の運用保守と管理においてはセキュリティ対策が大変面倒になる。

SECTION-20

運用面において要塞化の負荷が変わってくるかどうか

最後に、システムの運用面における要塞化実施の負荷とセキュリティ対策とのバランスを考えてみましょう。

まず運用面での問題としては、要塞化、すなわちハードニングにかかる作業者の手間と時間を、どのように配分するかが重要な課題となります。つまり、ハードニングにかかる費用や投資は抑えられたとしても、システム運用の規模や範囲によっては、人的な手間と時間がかかるため、通常の業務にも影響があると懸念されます。さらに脆弱性の頻度や発生するインシデントに対しては、セキュリティ対策の実施後のリスクを、どの程度受容するかなど、要塞化対策の効果を念頭に置く必要があります。

言い替えれば、運用面において、要塞化によるセキュリティ対策と、運用上の受け入れられるリスクとのバランスを見極めることが求められています。これら問題については、可能な限り信頼できる最新の脆弱性情報などを入手することにより、要塞化にかかる手間や時間を省くことがポイントです。そのためには、セキュリティ監査を実施する際に用いられる基準(スタンダード)やハードニングガイドを利用することにより、正しい手順に沿って、要塞化の作業を実施することが有効な手段として挙げられます。

たとえば、PCIデータセキュリティスタンダード(PCI DSS:Payment Card Industry Data Security Standard)にひも付くシステム要件[6]を参考にしたり、あるいは、クリティカルセキュリティコントロール(Critical Security Controls)などの情報セキュリティ対策とコントロールの優先付けされたベースラインを示したドキュメント[7]を参照することにより、要塞化を検討することが有効的かと考えられます。

[6]:PCIデータセキュリティスタンダード(https://ja.pcisecuritystandards.org/minisite/en/)
[7]:The Critical Security Controls (CIS)(https://www.cisecurity.org/critical-controls.cfm)

COLUMN

高信頼コンピュータシステム評価基準について

TCSEC(高信頼コンピュータシステム評価基準)とは、1986年に米国防総省(DoD)において、軍用システムの設計に関する信頼性の規格を定め、米軍や関連する政府機関において、情報システムを調達することに由来し、策定されたセキュリティ基準の1つです。

より高度なセキュリティ機能を持つOSを採用するために、用途に応じた段階的なOSのセキュリティ対策としては、TCSEC(Trusted Computer Systems Evaluation Criteria)基準を求められる場合があります。特に、基準書の表紙色がオレンジであることから、通称「オレンジブック(Orange Book)」とも呼ばれています。このオレンジブックにおいて定められたセキュリティ基準は、次のように定められています。

●オレンジブックによるセキュリティ格付け

クラス		定義
A	A1	検証された保護
B	B3	セキュリティドメインによる保護
	B2	構造化された保護
	B1	ラベル付きによる保護
C	C2	アクセス制御による保護
	C1	任意によるセキュリティ保護
D	D	最小限の保護

オレンジブックでは、段階的にAが最も高いセキュリティ機能をもち、Dはその評価の対象にならない製品を指しています。商用のトラステッドOSとしては、Sun Microsystems(現Oracle)社の「Trusted Solaris」やIBM社のAIXを改良した「PitBull Foundation Suite」が有名です。

COLUMN

セキュアOSについて

高度にセキュリティ強化を施したオペレーティングシステムには、セキュアOS(Secure OS)とトラステッドOS(Trusted OS)が挙げられます。

セキュアOSは、既存のOSにセキュリティ機能を組み込んで、セキュリティ機能を高めたものです。セキュアOSは少なくとも、次の2つの機能を実現することが求められています。

- システムポリシーで設定したアクセス権をオペレーティングシステムが強制的に制御可能な機能を備えていること
- 「root」や「Administrator」というような特権ユーザを持たず、管理権限を分割できること

トラステッドOSは、もともとは米国国防総省(DoD:Department of Defense)が作成した軍用システムの基盤としての信頼性の評価基準(TCSEC)からきており、上記のセキュリティ機能に加えて、さらに次のような機能を実装することが求められています。

- すべてのファイルやプロセスに機密ラベルを設定し、アクセスを制御できること
- 複数のシステム区画に分けた場合に区画間のアクセスを制限・禁止すること
- すべてのユーザのアクセス履歴だけではなく、操作履歴も取得し、追跡可能性(トレーサビリティ)が確保できること

セキュアOSもトラステッドOSも世の中のほとんどのアプリケーションには対応していないため、実際にはほとんどは利用されていませんが、高度なセキュリティ要件の確保やセキュリティ事故が絶え間なく起こることを考えると、今後もさらに普及するのではないかと期待されます。

COLUMN

米国過去最大のクレジットカードの個人情報流出事件について

2009年1月20日、クレジットカードやデビットカードの決済処理を手掛けるハートランドペイメントシステムズは、同社の処理システムが不正侵入の被害に遭い、カードの個人情報が外部に流出したと発表しました[8]。当時のメディアによれば、不審なカード決済について、米VISA、MasterCardから通報を受けた両社がシステムを調査したところ、処理システムの中に不正なソフトウェアが組み込まれていたことが判明し、この事件が明らかになったと報じています。

事件後、両者は連邦捜査機関に報告を行いましたが、この事件の背後には世界的に広がるサイバー犯罪組織による可能性があるともいわれ[9]、米国財務省検察局や司法省が密接に連携を取りつつ、継続して捜査が進められました。

事件の発覚後、同社の株価は1月21日から23日の間に約45%も下落し、不正アクセスによる個人情報流出が、証券市場にも大きな影響を与えました。この事件において流出したデータには、「売り上げデータ」や「社会保障番号」、「暗証番号(PIN)」や「住所」が含まれており、米国最大のクレジットカードの個人情報流出事件となり、教訓を与えた点において、今日においても記憶に新しいところです。

また事件が発生した当時、クレジットカード業界は電子商取引に伴う決済取引に関わる団体を中心に、セキュリティ基準の整備が自主的に推し進められていました。その直後に発生した事件だけに、業界関係者のみならず、不正アクセスに対するシステム管理基準の有効性について、一石を投じたインシデントであることは間違いありません。

[8]:Hackers attack credit card processor in massive security breach
(https://www.cbc.ca/news/hackers-attack-credit-card-processor-in-massive-security-breach-1.785698)

[9]:US credit card payment house breached by sniffing malware Suspicious activity in the Heartland
(http://www.theregister.co.uk/2009/01/20/heartland_payment_breach/)

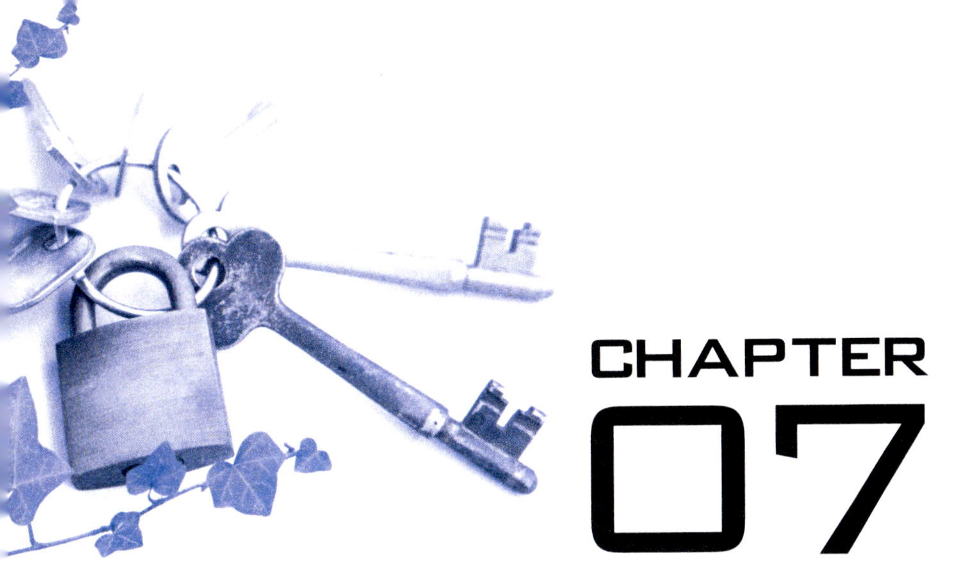

CHAPTER 07 エンドポイントセキュリティ

本章の概要

エンドポイントセキュリティとはパソコンやスマートフォン、サーバーなど、終端部分の防御のことをいいます。たとえば、アンチウイルス製品はパソコンの代表的なエンドポイントセキュリティソリューションです。この章ではそれぞれのエンドポイントに対する脅威と脅威に対応するセキュリティ・ソリューションの種類について紹介します。

SECTION-21

パソコンのエンドポイントセキュリティ

パソコンはほとんど持ち歩かないデスクトップ型と頻繁に持ち運ぶノート型に分類できますが、ここではより脅威にさらされているモバイル利用のノートパソコンを想定しました。

パソコンに対する脅威

モバイル利用のパソコンには、次のような脅威があります。

- マルウェアの脅威
- 許可しないデバイスが接続される脅威
- クラウドストレージを通じて情報が持ち出される脅威
- セキュリティパッチを当てずに放置する脅威
- パソコン自体が紛失/盗難され、情報が漏えいする脅威
- パソコンの画面やキーボード操作を盗み見られる脅威
- 社外でインターネットに直接、接続したときに攻撃者がパソコンに侵入する脅威

パソコンの防御ソリューション

パソコンの防御ソリューションは多彩で、すべてを紹介できませんが、以下に代表的なものを挙げたいと思います。

◆アンチウイルスソフト

最近では攻撃手法が巧妙化していて従来のアンチウイルス製品では効果を発揮できなくなりつつあります。パターンマッチング形式と呼ばれるアンチウイルス製品はマルウェアの実行ファイルが寸分違わず同じものが世界中にばら撒かれていることが前提になっているからです。パターンマッチング型の製品は既知のマルウェアのリストを持っていて、そのリストに載っているマルウェアと同じものを検知します。そのリストはマルウェアの実行ファイルを要約したハッシュ値[1]と呼ばれる短い固定長の値をもとに判断します。少しでも実行ファイルの内容が変わるとこのハッシュ値は変わります。そこで最近はマルウェアをメールで100人に送る場合に100人それぞれに違うハッシュ値のマルウェアを作成して送ることが多くなっており、同じハッシュ値のマルウェアを送る方が稀になるほどです。そこでマルウェアソフトも単純なパターンマッ

[1]：ハッシュ値とは、元になるデータからハッシュ関数で算出した規則性のない固定長の値をいい、暗号や認証などに利用されます。

チングで検出されるものが減ってきています。最近では次のような機能が付加されたアンチウイルス製品が増えています。

- パソコンのメモリ上の動きを見て、不審な動作をしていたら検知する振舞検知機能
- 実行ファイルの中を解析して不審な動作をしそうだと判断したら検知する静的解析機能
- 動作してよい実行ファイルを最初に規定してそれ以外のものが一切動かないように設定するホワイトリスト機能
- 仮想環境で実行し、不審な動作がないかを検知するサンドボックス解析機能

◆アンチウイルス製品の選定について

アンチウイルスソフトの優劣は難しく、簡単にはできませんが、幸い、さまざまな公的な機関のテスト結果をそれぞれのサイトで参照できます。アンチウイルスソフトを選定する際には参照していただければと思います。

- Av-Test（ドイツの公的機関）
  URL https://www.av-test.org/
- AV-comparatives（オーストリアの独立系テスト機関）
  URL http://www.av-comparatives.org/
- Dennis Technology Labs（イギリスの独立系テスト機関）
  URL http://www.dennistechnologylabs.com/
- VIRUS BULLETIN（イギリスのVirus Bulletin社）
  URL https://www.virusbulletin.com/

◆アンチウイルスソフトの運用について

マルウェアとアンチウイルスソフトは常にシーソーゲームが続いています。したがってアンチウイルスソフトは常に最新の状態にしておかなければインストールしている意味がまったくありません。また、マルウェアによっては最新状態にすることを阻むためパターンファイルの更新を妨害するものや、アンチウイルスソフト自体を止めようとするものもあります。

このようなことを考えるとアンチウイルスソフトの統合管理は必須です。止

まっていたりバージョンが低かったりするアンチウイルスソフトのパソコンはすぐに対策をする必要があるからです。

統合管理を行うと管理端末でアンチウイルスソフトの停止しているパソコンやウイルスに感染したパソコンを容易に発見できます。

◆ ホスト型ファイアウォール

OS標準のものとアンチウイルスソフトの付加機能などがあります。モバイルパソコンは外出先でインターネットを利用するときはネットワーク型ファイアウォールで守られていませんが、その間の防御のために利用します。

◆ エンドポイント型の高度なマルウェア対策製品

アンチウイルスソフトがパソコンの入口対策ソフトであるのに対して、エンドポイント型の高度なマルウェア対策製品はパソコンの内部対策製品といえます。パソコンの中で動作したプロセスと、その起動元、そして、その結果作成されたファイルや通信した先をすべて記録し、解析します。高度なマルウェアはアンチウイルス製品で検出できることが稀で、実際にはパソコンの中で動作してしまうことが多いのが現状です。ネットワーク型の出口対策製品でパソコンまでは特定できますが、マルウェアの実行ファイル本体やその侵入経路がわからないため、対策の打ちようがありません。

結果的にパソコンをクリアインストールして原因がうやむやになり、再発防止策も立てられない場当たり的な運用になりがちなのですが、このソリューションを導入していると次のようなことを検知することが可能です。

- C&Cサーバーと通信した実行ファイル名（保存場所も含む）
- 実行ファイルの侵入経路（メールから、Webから、侵入した日時など）
- 関連ファイル（たとえばメールに添付されたPDFファイルを開いたときに、その中から実行ファイルが生成されたなど）
- 同じファイルを持つほかのパソコンの一覧

製品によっては、その実行ファイルと派生ファイルをまとめて無効化できるものもあり、ユーザーに気付かれることなく管理コンソールから対応できるものもあります。また、感染経路がわかるため、再発防止策を検討することも可能です。

◆インベントリ管理

パソコンのOSのバージョン、セキィリティパッチの状態、インストールされているソフトなどを管理します。セキュリティパッチが最新でないパソコンや認可されていないソフトをインストールしているパソコン、ライセンス違反をしているものなどを統合管理できます。

◆デバイス制御

主にパソコンに接続されているデバイスを管理します。たとえば、USBメモリの利用を管理したい場合に、私用のUSBメモリは利用不可にして、会社で決められたUSBメモリのみを利用化にするとか、そのUSBに書き出されたファイルを記録するなどの機能があります。

◆操作ログ管理

企業のパソコンの操作履歴をすべて記録して、有事の際に後追い(トレース)できるようにするものです。パソコンを利用して「いつ誰がどのパソコンで何をしたか」を記録できます。人が介在する操作ももちろんですが、マルウェアの動作も記録されるため、マルウェアが動作してファイルを持ち出してしまったときなどにも参考情報が得られます。

◆DLP(Data Loss Prevention=情報漏えい防止)

たとえば、個人の名前、住所、電話番号、メールアドレスなどが100件以上入っているメールを送信できなくしたり、クレジットカード番号やマイナンバーをメールで送れなくしたり、メディアにも書き出せなくしたりできるソリューションです。メールだけの場合はメールサーバーなどで制御できますが、デバイスへの書き出しも監視する場合はエンドポイント製品になります。

◆ハードディスクの暗号化

ノートパソコンのようなモバイル端末には紛失/盗難のリスクが常にあります。盗む理由が単にパソコンの再利用ならばパソコンの金額だけの問題になるのですが、パソコンの中の情報資産の盗用を目的に盗まれた場合の損害額は単純に見積もれないくらい大きな損害になることもあります。

たとえば、個人情報が大量に入ったパソコンを紛失/盗難された場合、そのパソコンを盗んだ目的が中の情報資産でなかったとしても、流出した可能性のある個人に対して報告しなければならず、その調査と謝罪には多額のコストがかかり、さらに会社の社会的信用が失墜し回復には長い期間がかかるなどの損害が出ます。

そこで、紛失/盗難のリスクがあるモバイルパソコンのディスクを暗号化するソリューションがあります。暗号化しておくことで物理的な盗難と情報の盗用の切り離しができるメリットがあるからです。

ハードディスクの暗号化は有償の製品を利用する場合とOS標準の機能を使う場合があります。企業のポリシーにもよりますが、暗号化強度がある一定以上(AES256程度)の場合は情報漏えいがないことにすることも考えられます。

◆ のぞき見防止フィルター

画面ののぞき見を防止するためのフィルターです。防げるのはショルダーハッキングの中でも画面に表示された情報ののぞき見のみで、キーボードののぞき見は防止できません。パスワードのキー入力ののぞき見は二要素認証などで防ぐ必要があります。

SECTION-22

サーバーのエンドポイントセキュリティ

サーバーもパソコンと同様にエンドポイントの1つです。特にWindowsベースのサーバーではパソコンと同じアンチウイルスソフトを利用できるなど、共通点も多くあります。一方ではパソコンと比較してマシンパワーが大きい、重要な情報やサービスがあってセキュリティレベルが高いなどの大きな差もあり、おのずと脅威もセキュリティ・ソリューションも違ってきます。

サーバーに対する脅威

サーバーはほかのエンドポイントと違い、一般的にたくさんのデータが保存されています。また、同時にアクセスする利用者数が多いのもサーバーの特徴です。したがって、情報漏えいや可用性の重要度がほかのデバイスとは違っています。多くの場合、24時間365日動作していることが多く、インターネットからアクセスできることも多いことから、攻撃されることも頻繁で、監視も24時間365日で行われることがあります。さら、管理者権限を持っているユーザー以外が直接、OSにログインすることがほとんどないところもほかのデバイスとは違っています。

サーバーに対する脅威はおおよそ次のようになります。

- マルウェアの脅威
- アプリケーションやミドルウェア、OSの脆弱性を利用した攻撃の脅威
- 管理/許可されていない変更をされてしまう脅威(オペレーションミスを含む)
- 管理者による内部不正

サーバーの防御ソリューション

サーバーセキュリティの基本は要塞化です。要塞化についてはCHAPTER 06をご参照ください。ここではそれ以外のサーバーのエンドポイントセキュリティについてのみ記述します。

サーバーのエンドポイントセキュリティは元来マルウェア対策ぐらいしかありませんでしたが、サーバーがオンプレミスからクラウド環境に移行するにしたがって、従来はネットワークで行っていたセキュリティ対策をサーバー上で行うケースも増えてきており、そのような現状も踏まえてサーバーのエンドポイントセキュリティについて紹介します。

◆ マルウェア対策

ホスト型のマルウェア対策製品はパソコン用とほぼ同じです。Windowsサーバー用のものやLinux用のものがありますが、HPUXなど一部のOSにはマルウェア対策製品がないことがあります。ただ、マルウェア対策製品のないHPUXなどに対するマルウェア自体も今のところ確認されていないことから、そのようなOSを利用している場合は対策自体を行わないのが普通です。

◆ ホスト型ファイアウォール/侵入検知/防御

クラウド環境のサーバーなどでネットワーク型のファイアウォール/IPS/IDSなどが使えない場合があります。また、クラウド環境とオンプレミスの環境のファイアウォール/IPS/IDSの管理を一元化したい場合にネットワーク型のファイアウォール/IPS/IDSではなく、ホスト型のものを利用する場合があります。既知の脆弱性に関する攻撃パターンに該当する通信を検知したり防御してくれたりします。

通常は統合管理するサーバーがあって、すべてのノードの管理を一元管理できます。また、各ノードで検知された内容やブロックされた内容をわかりやすくダッシュボードに表示してくれます。

ホスト型のものは、非常に便利なソフトですが、設定するときに注意をしないと管理サーバーからも管理者からもまったくアクセスできないサーバーを作ってしまう危険性があるため、設定する際は検知モードで設定し、安定してから防御モードに変更することをお勧めします。

◆ 変更検知

サーバーには変更管理を行う場合があります。攻撃者に改ざんされる場合もありますが、サーバー管理者やアプリケーション管理者が計画されていない変更を行ったり、オペレーションミスで変更を加えてしまったりした内容も発見できます。防御できずに実行されてしまったマルウェアによる改ざんも、変更検知機能で発見されることがあります。

変更検知のソフトには改ざんされると、改ざん前に戻す機能があります。非常に便利な機能のように見えますが、過去の事例では攻撃者の改ざんするソフトと変更検知のソフトが交互に改ざんと書き戻しを実施し、改ざんされている間に影響を受けたユーザーを特定するのに苦労したという話もあるので、利用は慎重に行うことが望まれます。

◆ログの統合管理製品

通常、ログは各サーバーの中に記録されます。しかし、管理者による内部不正を考えた場合、各サーバーのログが管理者によって容易に改ざん、削除できてしまうことが問題になります。そこで特権ユーザー管理を行う際にはログの保管を別のサーバーに集約し、特権ユーザーでさえ改ざんできないように管理することが望まれます。

また、ログの内容を監視して、ある一定の条件で検知し、警報を鳴らすというようなことも可能です。たとえば、次のようなケースを検知することが考えられます。

- アプリケーションではなく、人間が直接、本番システムのデータベースに対して問い合わせを行った場合
- 一定の時間内に一定の回数以上のログイン失敗がサーバーにあった場合

さらに、ログのサマリーを使ってレポートを作成することで検知できるものもあります。たとえば、次のようなレポートを日次でレビューすることが考えられます。

- 接続元IPアドレス別、ログインユーザー別のリモートログイン回数のレポートをレビューすることで許可されていないところからのアクセスがないかを管理する
- 管理アクセスとしてのリモート接続と作業承認済みの作業の突合して、申請のない管理アクセスを発見する

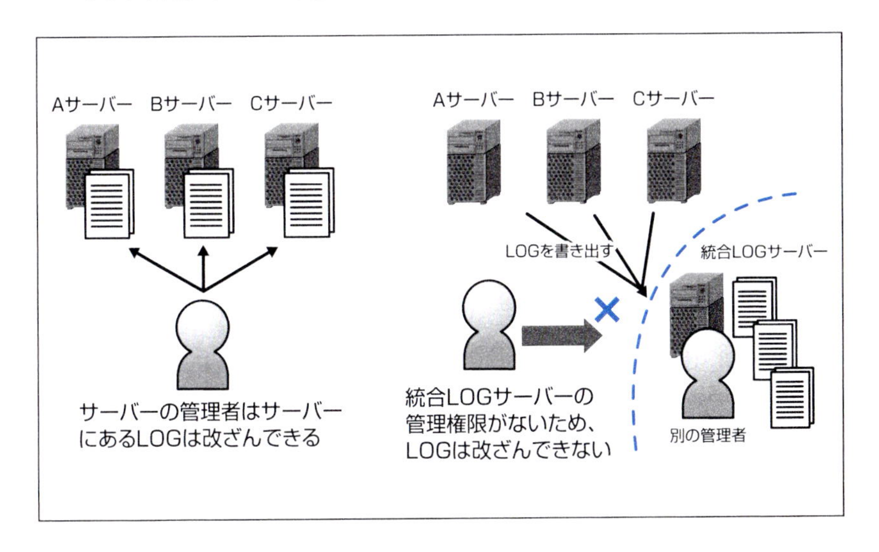

SECTION-23

スマートフォンセキュリティ

スマートフォンが企業内で本格的に使われるようになったのはほんの数年前からですが、業務上の必需品となっています。出先での電話やメールはもちろんのこと、グループウェアへのアクセスやインターネット検索、業務アプリケーションの利用、写真や動画の記録など、そのメリットは数え上げるときりがありません。しかし、このような新しいITデバイスが出現するたびにITリスクも増大します。

ここでは、スマートフォンを企業が業務上で利用するときの脅威や脆弱性、リスク、リスク低減方法などについて考察します。

スマートフォンに対する脅威

スマートフォンは社外でも使うIT機器であるため、モバイルパソコンと同じような脅威にさらされています。概ね以下のような脅威があると考えられます。

◆紛失/盗難

持ち歩くものの宿命で、紛失や盗難は避けられません。いくら社員を教育しても罰則を厳しくしても、その根本には「人間の不注意」という脆弱性があるため、紛失や盗難がある一定の割合より下回ることはないと考えられます。企業によっては人間の不注意は教育でなくなると考えているようですが、セキュリティを考える上では「人間の不注意」はなくならないものとしてリスクアセスメントすべきです。

◆ショルダーハッキング

スマートフォンはセキュリティエリア内で使うものではないため、ショルダーハッキングのリスクは高まります。画面に表示される情報量は多くありませんが、パスワードを盗られるリスクは高いと考えられます。パスワードを盗られた後に、スマートフォンを盗られた場合はスマートフォンの中の情報の大半を盗られる危険があります。前述の通り、パスワード入力は入力中の動画を小型のカメラで撮影することで簡単に盗ることができます。

◆マルウェア

スマートフォンもITデバイスである以上、マルウェアの脅威からは逃れられません。マルウェアに感染した場合はパスワードが盗られるリスクもありますし、スマートフォンを踏み台にして遠隔から情報を盗ることも可能です。

◆内部犯行

内部犯行によりスマートフォンを利用した情報持ち出しのリスクがあります。

スマートフォンの防御ソリューション

業務用として使うスマートフォンには私物のスマートフォンと組織貸与のスマートフォンがあります。私物のスマートフォンの利用(BYOD:Bring your own device)をそもそも認めていない組織と認めていない組織、組織貸与のスマートフォンにアプリのインストールを認めている組織とそうでない組織などまちまちです。したがって、脅威も一定ではなく、選択されるセキュリティ・ソリューションも変わってきます。以下に代表的なスマートフォンのセキュリティ・ソリューションを挙げます。

◆MDM(Mobile Device Management)

主に組織から社員にスマートフォンを貸与する場合にMDMを利用します。MDMには次のような機能があります。

- スマートフォンのOSのバージョンを揃える
- インストールできるソフトを限定する
- 私用のソフトなどをインストールできないようにする
- リモートワイプ(遠隔からスマートフォンの内容を消去する)を行うまたはリモートロックをかける
- GPSの機能を使ってスマートフォンの位置を知る

インストールできるソフトを限定することでマルウェアのリスクを低減することができますが、業務上有効なソフトを洗い出せていないとソフトウェアの利用申請が頻繁にきて運用が大変になります。また、あまり厳しく設定すると私用のスマートフォンを別に持ったり、スマートフォンによる業務の効率化を妨げたりする弊害が懸念されます。

リモートワイプとリモートロックはスマートフォン本体が紛失/盗難した場合

に遠隔で本体をロックしたり内部の情報を消したりする機能です。企業の場合は本人からの紛失報告があった場合に専門のスタッフによりリモートワイプを行うことが多いようです。紛失したときの罰則があまり厳しいと報告が遅れリスクが増大することも考えられるため、気軽に本体紛失の報告ができる環境作りも必要です。

導入時	**初期一括設定**	端末設定
		各種ポリシーの設定
		機能制限
		使用可能なアプリリストの配布
運用時	**設定変更**	端末設定の変更
		機能制限の変更
		アプリのバージョンアップ通知
	状態監視	インベントリの収集
		セキュリティ情報の収集
	インシデント対応	パスワードリセット
		リモートロック
		リモートワイプ
廃棄時	**効率的な廃棄**	データ消去（個別／一括）
		初期化

スマートフォンの管理者はさまざまなライフサイクル上のデバイスに対して一元して監理ができる。

◆ 二要素認証

スマートフォンの認証ではなく、スマートフォンからアクセスするグループウェアや社内システムを二要素認証にすることでパスワードが盗られたときのリスクを低減することができます。

◆ アンチウイルス製品

特にマルウェアの多いAndroidなどはアンチウイルス製品を導入することでリスク低減することが可能だと思われます。ただし、マルウェアの高度化する中で、リスク低減率はあまり期待できません。

◆暗号化製品

スマートフォンの中に仮想的に業務用とそれ以外の部分の境界を設け、業務用の部分は暗号化します。スマートフォンの中にある業務用のスマートフォンを起動すると画面が一変して業務用のスマートフォンになります。仮想的な業務スマートフォンでは業務上、認められたものしか利用できませんが、それを終了すると自由にアプリをインストールできる普通のスマートフォンとして使えます。

このような製品には次のような特徴があります。

- 一般領域にあるアプリと業務領域にあるアプリの間ではデータのやり取りができない
- リモートワイプする際も業務領域のみを削除することが可能
- マルウェアに感染したとしても業務領域の情報は持ち出せない
- 社内のファイルサーバーにもアクセスできる製品もある

特に私用のスマートフォンの業務利用(BYOD:Bring your own device)を認めている企業には最適なソリューションだと考えられます。

マルウェアのリスクを大幅に軽減できるほか、内部犯行による社内からの情報持ち出しのリスクも低減できます。

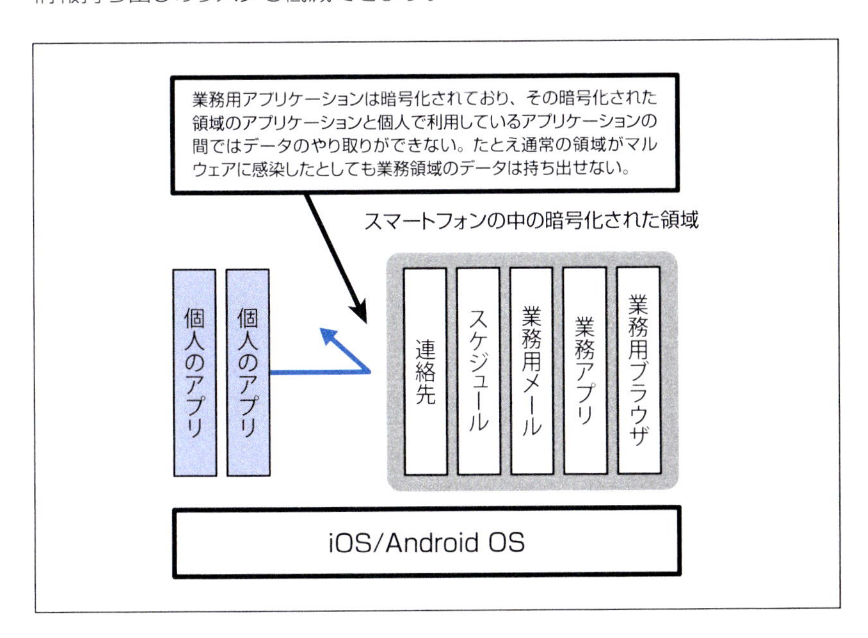

◆クラウドサービス型入口出口対策製品

スマートフォンを社外で利用する場合はインターネットに直接、つなげて利用します。そのため、マルウェアに感染しやすく、マルウェアに感染していたとしても出口型の製品で検知してくれるわけではありません。

そこでクラウド上のWebプロキシ型セキュリティサービスなどを利用することが考えられます。このような製品には次のような特徴があります。

- Web閲覧でマルウェアに感染するリスクを低減する
- スマートフォンのマルウェアからWeb通信プロトコルでC&Cサーバーに接続を試みる通信を検知してブロックする

高度なマルウェアからの情報漏えいリスクを低減できます。感染リスク自体を低減できるほか感染している端末の特定も可能です。

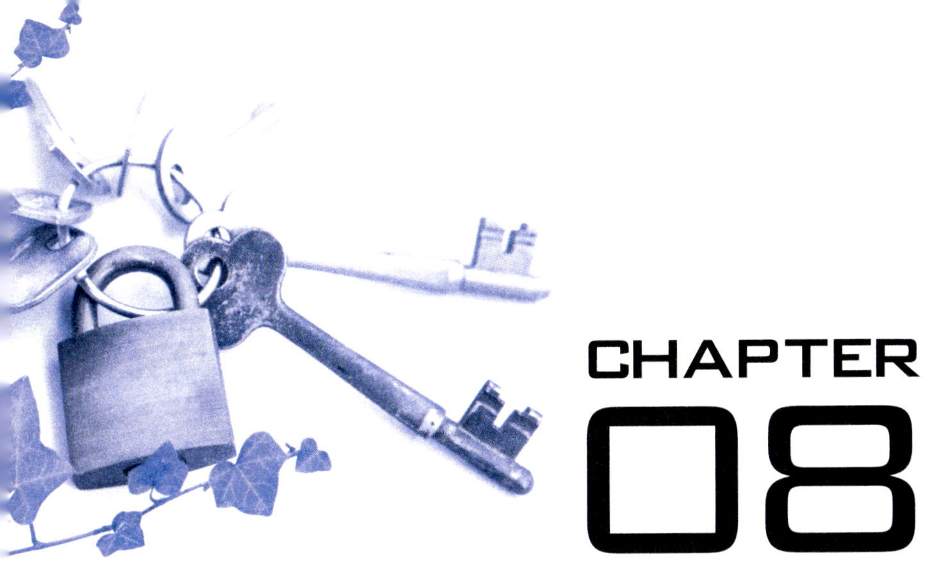

CHAPTER 08

暗号・電子証明書・電子署名・セキュアプロトコルの基礎知識

本章の概要

本章ではインターネット上のデータを安全に取り扱うための技術として、暗号技術や暗号技術を利用した電子証明書・電子署名・タイムスタンプや、ネットワーク上で安全にデータをやり取りするセキュアプロトコルについて解説します。

SECTION-24

暗号とは

暗号は盗聴や改ざんから情報を守るために行われます。

ネットワーク上における盗聴は、サーバーにあるデータの不正な閲覧や電子メールなどの情報を盗み取ることです。盗聴された内容が外部に漏れ、その情報が利用された場合には、大きな問題となります。企業が保持する機密情報や個人情報が漏れた場合は、金銭的な被害だけでなく、信用問題やその企業のブランドイメージを大きく損なうことになります。

暗号の必要性

ネットワーク上を流れるデータはすべてデジタルデータで書き換えが容易です。この書き換える行為を「改ざん」と呼びます。たとえば、電子メールの内容が改ざんされたり、インターネットショッピングサイトから身に覚えのない請求がされたりする可能性があります。

また、企業や政府などのWebサイトも例外ではなく、不正にWebサイトの内容を書き換えたり、Webサイトの設定を変更したり停止させたりする事件も発生しています。

暗号の種類

盗聴や改ざんの被害を防ぐ方法として暗号化があります。暗号には多くの種類があり、用途により使い分けられています。現在の暗号は大きく「共通鍵暗号」「公開鍵暗号」「ハッシュ暗号」の3つに分類されます。この3つは暗号の基本なので理解しましょう。

暗号化と復号

暗号化は第三者にもとの情報を漏らさない技術です。送信者が暗号化されてないメッセージ(平文)を別の異なる形に変換することを「暗号化」と呼びます。逆に受信者が、受け取った暗号文を逆変換して、元のメッセージを取り出すことを「復号」と呼びます。

この技術によって、もし、送信途中で第三者に渡ってしまってもわからないようにすることができます。

◉暗号の仕組み

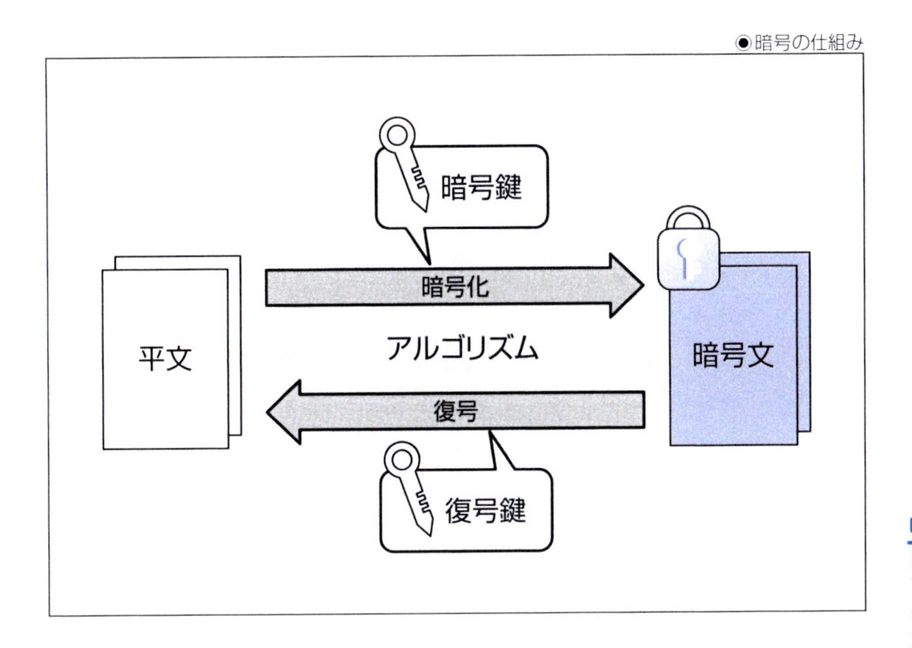

SECTION-25

暗号化の「鍵」とは

暗号化には暗号をするための「鍵」が必要です。鍵の種類は大きく分けて、「共通鍵」「公開鍵」「ハッシュ」の3つに大別されます。

共通鍵、公開鍵、ハッシュ

鍵には、暗号化するときに使う鍵と、復号するときに使う鍵の2種類があります。

暗号化と復号で同じ鍵を使う方法を「共通鍵暗号方式」と呼びます。また、暗号化と復号で異なる鍵を使う方法を「公開鍵暗号方式」と呼んでいます。同じ暗号方式を使っても鍵を変えることで、異なる暗号文を作ることができます。

一方、鍵が存在しない方式もあります。「ハッシュ方式」と呼ばれているもので主にパスワードの暗号化に利用されています。特徴としては、同じ平文であれば同じ暗号文になるということと、復号できない特徴があります。一般的に平文が1文字でも違えば暗号結果も大きく異なるのが特徴です。

暗号化の仕組み

それぞれの暗号化の仕組みを説明します。

◆共通鍵暗号方式とは

共通鍵暗号方式は同じ鍵を使うことから、別名「対称鍵暗号方式」ともいわれたりします。また、鍵が第三者にわかってしまうと復号ができてしまうので、鍵を「秘密」にしておく必要があることから、「秘密鍵暗号方式」ともいわれます。

共通鍵暗号方式はほかの方式と比較して、暗号化や復号するときの処理負荷が少ない特徴があります。処理負荷が少ないということは高速に処理ができるので、大容量のファイル暗号などに適しています。

しかしながら、鍵が第三者にわかってしまうと、復号ができてしまうため、どのように「鍵」を第三者に伝えるかという大きな問題があります。

また、登場人物がAさんとBさんの2人だけの場合は問題になりませんが、Cさんが登場すると話がややこしくなります。3人が同じ鍵を使ってしまうと、他人の暗号文を復号できてしまうので、それぞれ別な鍵を用意します。この場合は3個鍵が必要になります。4人、5人と人数が増えると鍵の数がどんどん増え、人数(人数−1)÷2という式で増えてしまいます。ちなみに、100人だと4950個の鍵が必要です。

●共通鍵暗号方式の仕組み

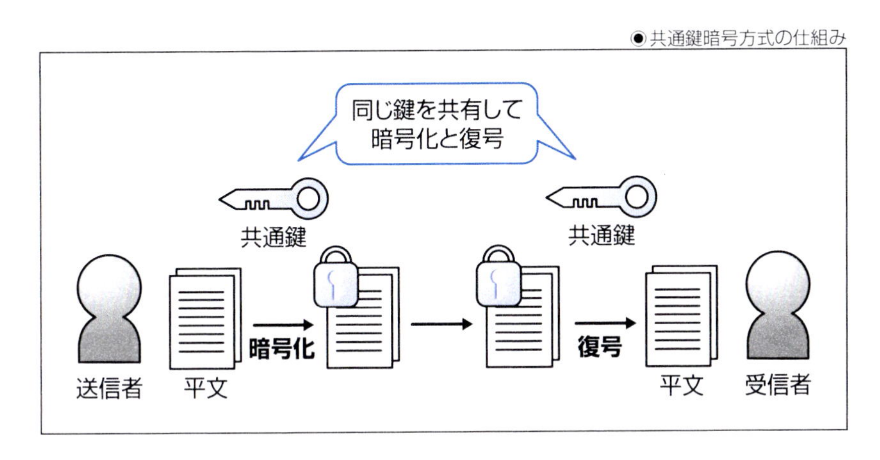

◆ 公開鍵暗号方式とは

共通鍵暗号方式の問題点を解決してくれるのが、公開鍵暗号方式です。

共通鍵暗号方式は暗号化と復号で異なる鍵を使うことが特徴です。この異なる鍵は独立しているわけではなく、対(つい)になっており、一方を「公開鍵」、もう一方を「秘密鍵」と呼んでいます。「公開鍵」は文字どおり公開してもかまわない鍵で、「秘密鍵」は第三者に知られないようにしなければならない鍵です。

暗号化と復号で別な鍵を使うので「非対称暗号方式」とも呼ばれています。

たとえば、AさんからBさんにデータを送信するとします。このとき、Bさんは一対の公開鍵と秘密鍵を用意して、ネット上に公開鍵を公開します。AさんはBさんの公開鍵を使ってデータを暗号化します。その暗号文をBさんに送ります。Bさんは、受け取った暗号文を、秘密鍵を使って復号します。

ポイントは、秘密鍵はBさんしか知らないため、暗号文を第三者に仮に盗聴されてしまったとしても復号されることはないということです。

もちろん、何とか秘密鍵を偽装して復号を試みることは可能ですが、解読には相当の時間と複雑な鍵を準備する労力が必要になります。

公開鍵暗号方式は共通鍵暗号方式よりも複雑な計算をするので、計算にかかる処理や時間は多くなります。このため、大容量のファイルを暗号化したりするのには不向きですが、小さいデータのやり取りであれば十分な性能を発揮します。

このような特徴を生かして、ネットワーク上の認証データのやり取りに使ったり、重要データの鍵をネットワーク上で交換するときに使います。

公開鍵暗号では、1人について1つの公開鍵と秘密鍵のペアがあれば十分なので、10人なら10ペアの鍵があれば安全にやり取りができます。

公開鍵暗号の特徴としてもう1つ、本人確認ができる特徴があります。

これは、先ほどのBさんは適当なメッセージを自分の秘密鍵で暗号化し、暗号文をAさんに送ります。Aさんは受け取った暗号文をBさんの公開鍵で復号し、元のメッセージを受け取ります。このとき、正しく復号できたということはBさんからのメッセージだと言う証明になり、Bさん正しいBさんであることが確認できます。

この暗号文は第三者でも復号できますが、これはBさんであるということを確認するためのデータなので漏えいしても脅威にはなりません。仮に第三者が暗号文を偽装しようとしても、Bさんが持っている秘密鍵がなければ、Bさんの公開鍵で復号できるデータは作成することはできません。このように、公開鍵と秘密鍵のどちらでも暗号化や復号に利用できる特徴があります。

●公開鍵暗号方式の仕組み

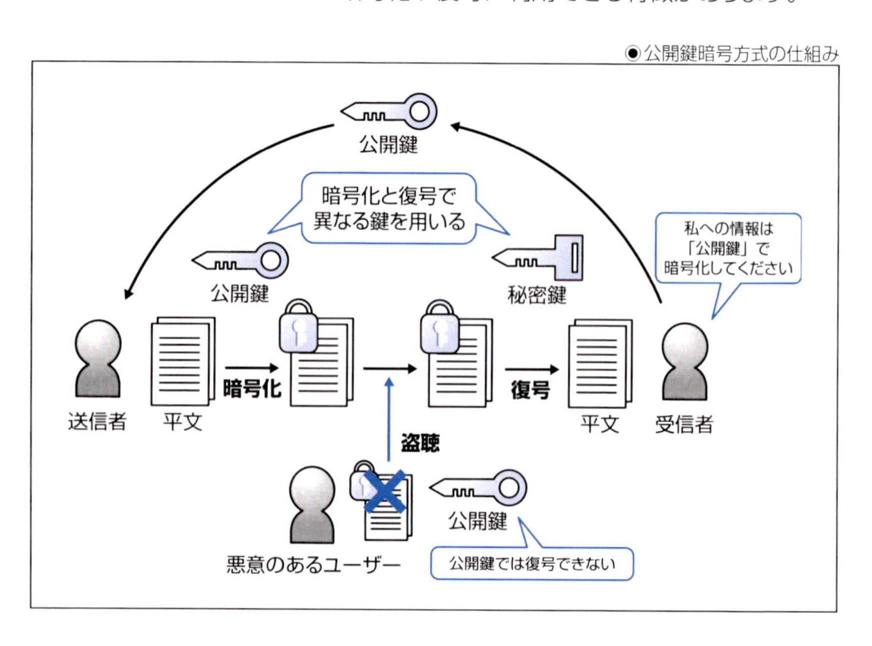

◆ハッシュとは

ハッシュとは受信者がメッセージを受け取ったときに「通信経路上で改ざんがされていないか」(改ざん検知)、「受け取ったメッセージが壊れていないか」(完全性)、「送信者が正当であるか」(認証)などを確認するために使われる暗号方式です。ハッシュの特徴は次の通りです。

- ハッシュ化した結果から元のメッセージは推定できない(非可逆性)
- メッセージの長さにかかわらず、ハッシュ値の長さは一定になる
- 同じハッシュ値になる別のメッセージを作成するのは困難である

ハッシュの利用例として、2つの例をご紹介します。

例1)Webサイトからダウンロードしたファイルが壊れていないかを確認する

あらかじめ、ダウンロードされるファイルを公開するときにハッシュ値も公開することでダウンロードした人が正しいかを確認できます。

例2)パスワード認証で利用する

パスワードはそのまま保管しておくと情報漏えいのリスクが高いため、暗号化することが推奨されますが、通常はハッシュでの暗号化が利用されています。入力されたパスワードをハッシュ化し、すでにハッシュ化されている値と比較し正しければ認証が成功する仕組みです。

これにより、仮にハッシュ化されたパスワードが漏えいしても正しいパスワードを得ることはできません。

●ハッシュの仕組み

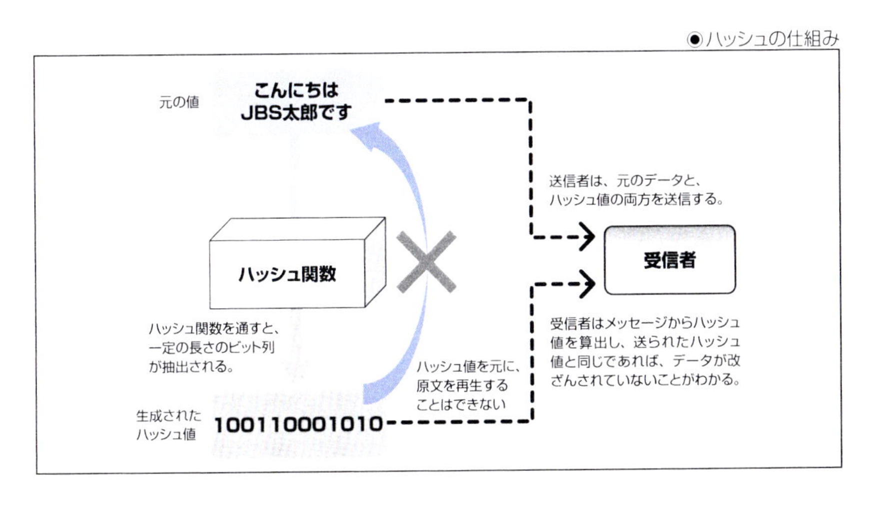

COLUMN
RSA暗号方式とは

RSA暗号方式は、現在、よく利用されている暗号方式です。特徴としては、大きな数の「因数分解」が難しいことを利用しています。たとえば、21を素因数分解すると、3×7であることは簡単にできますが、13579を素因数分解すると37×367であることを、手で計算するのは時間がかかりますし、面倒になってきます。もっと大きな数字になると、最新のコンピュータでも簡単には解けないものになります。

このように、単純に桁数が増えただけで素因数分解の問題が難しい問題になる性質を利用したのがRSA暗号です。RSA暗号は公開鍵暗号の1つです。

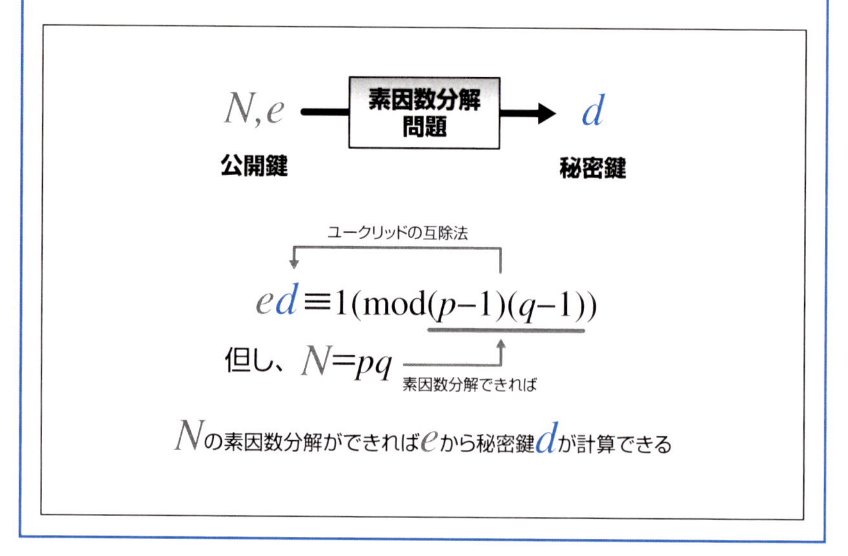

SECTION-26

電子証明書・電子署名・タイムスタンプ

暗号のところで、公開鍵暗号方式を紹介しましたが、公開鍵暗号方式でも1つだけ弱点があります。それは、「公開された鍵が正しい相手の鍵であるという保証がない」ということです。AさんがBさんになりすましても、それが正しいかは判断できません。公開鍵と秘密鍵の作成は自由なので、簡単にBさんになりすますことが可能です。

これを解決するのが電子証明書や電子署名といわれる技術です。

電子証明書とは

現実社会では、他人になりすまして印鑑を作成されると、その印鑑が本人かどうか判断できないため、その印鑑を役所に印鑑登録し、印鑑証明書によって本人かどうかを確認しています。電子証明書はこの仕組みによく似ています。

これを公開鍵暗号方式の場合に当てはめてみると、公開鍵を管理する認証機関(役所にあたるもの)によって正しい本人であるという証明書(印鑑証明書に相当)が発行されることによって安心してやり取りができます。

この認証局をCA(Certificate Authority=認証局)と呼びます。また、こうした認証の基盤をPKI(Public Key Infrastructure=公開鍵基盤)と呼んでいます。申請者が正しい本人であるかどうかを審査し、登録する機関をRA(Registration Authority=登録局)と呼んでいます。登録局によって確認された後に認証局で電子証明書が発行されることになります。一般的にはCAとRAは同じ組織であることが多いです。

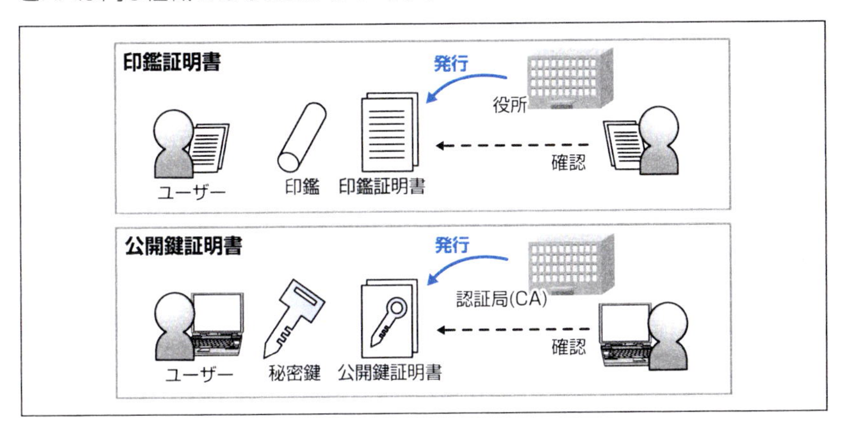

08 暗号・電子証明書・電子署名・セキュアプロトコルの基礎知識

◆証明書の有効期間

印鑑証明書には有効期限があると同じように、電子証明書にも有効期限があります。また、有効期限内であってもその証明書が失効する場合があります。たとえば、「秘密鍵の紛失や盗難」がそれにあたります。秘密鍵が漏えいしてしまうと他人になりすまして暗号化ができてしまうので、直ちに失効させる必要があります。これはクレジットカードの紛失、盗難と同じ考え方です。

失効した証明書を使っていると、利用者のWebブラウザには「このWebサイトのセキュリティ証明書には問題があります」などの警告が表示されることになります。

◆電子署名（デジタル署名）

日本では「印鑑」、世界では「サイン」にあたるのが電子署名です。確かに本人が作成したものであることを承認した証拠として使われます。

電子的に作成された文章やファイルの内容は通常、誰でも改変可能であり、他人が作成したものを、容易にコピーや作成者の名前を改変することなどが可能です。また、それを検知することも困難です。

このように、電子的に作成されたものは、誰が作成し、誰が変更し、誰が承認したか、また第三者の誰かが改ざんしたかなどを証明することは極めて困難です。これを解決する仕組みが電子署名です。

電子署名を実現する仕組みとして、公開鍵暗号方式を用いた「デジタル署名」を用いるのが一般的です。デジタル署名を使って電子文章に署名をする場合、署名をする人（署名者）は電子文章のハッシュ値を計算して、「署名者の秘密鍵」で暗号化します。

署名者は「電子文章」と「暗号化したハッシュ値」「電子証明書」の3つを検証する人（検証者）に渡します。検証者は「暗号化したハッシュ値」を「電子証明書に含まれている署名者の公開鍵」で復号して、電子文章から算出したハッシュ値と比較して検証します。

●電子署名の仕組み

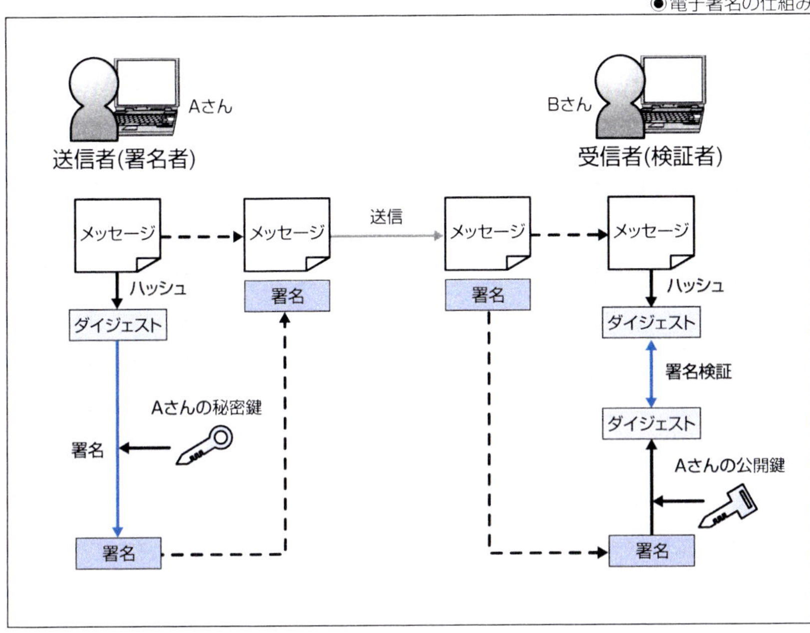

秘密鍵は署名者しか持ち得ませんので、正しく復号できれば、暗号化された電子文章は署名者が作成したものであることが証明されます。

逆に署名者はその電子文章を確かに作成したという事実を否認することができなくなります。また、ハッシュ値により、電子文書の改ざんを検知することが可能です。

◆自己署名証明書とは

デジタル署名のポイントは、「署名者の公開鍵が信頼できるか?」に尽きると思います。

署名者の公開鍵は電子証明書に含まれており、この証明書が認証局(CA局)によって発行された場合であれば信用できますが、署名者自身が作成している場合があります。

これを「自己署名証明書」と呼びます。一般的に「おれおれ証明書」といわれているものです。「自己署名証明書」は一般的には信用度が低いため、重要なデータのやり取りには使われません。しかしながら、証明書の維持管理費用がかからないといった理由から、社内システムでSSLの暗号化が必要なときなどに使われることが多いようです。

◆ 証明書チェーンとは

証明書を発行したのが認証局(CA)であったとしても、悪意のあるものが勝手に作成したCAの場合が想定されます。証明書が信頼できるCAから発行されたものであるかを検証するために使われるのが「証明書チェーン」です。

証明書チェーンは、その証明書を発行したCAを順にさかのぼって、信頼できるCAまでたどれるかどうかを調べるために使われます。発行されたCAのデジタル署名が含まれているので、そのデジタル署名から発行元のCAを調べることができます。

CAの最上位になる証明書を「ルート証明書」といいます。「ルート証明書」自身はほかに信頼してもらう先がないので、自己署名証明書となります。

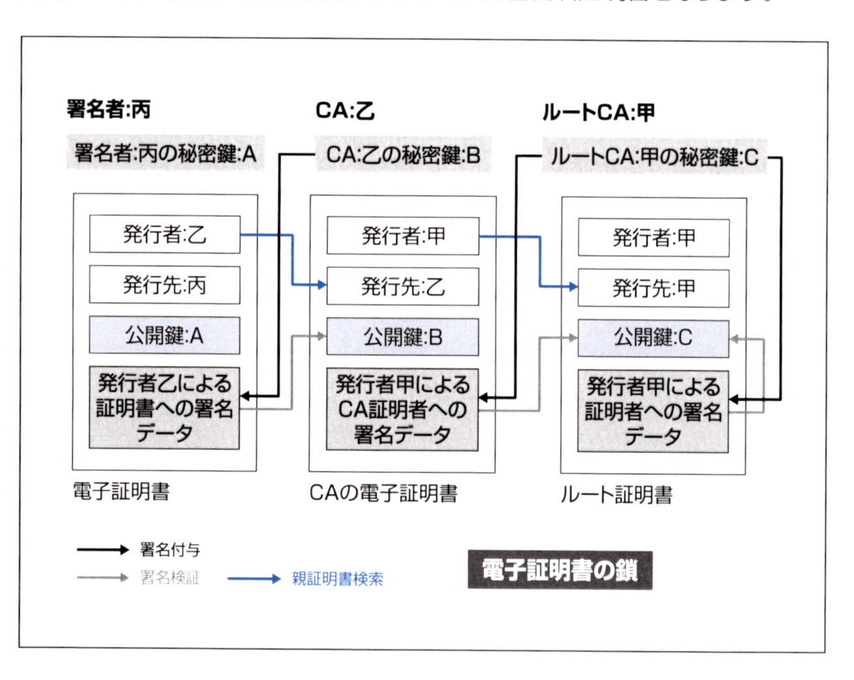

◆ 証明書の失効

利用者の秘密鍵が漏えいした場合や、暗号アルゴリズムの安全性のレベルが低下した場合などに証明書を失効します。失効された証明書は定期的にCRL(Certificate Revocation List=証明書失効リスト)として公開され、証明書の検証時に参照されます。

タイムスタンプとは

電子署名を付加することで、その電子文書の作成者やその内容について証明することができます。しかしながら、「誰が」「何を」したのかということだけで、「いつ」作成したのかが証明できません。この問題を解決する仕組みが「タイムスタンプ」です。

タイムスタンプは特許申請文書など日時を正確に特定しなければならない電子文章に利用されています。

◆タイムスタンプの仕組み

タイムスタンプはデジタル署名と同様に、公開鍵暗号方式を用いて作成されます。

電子文章のハッシュ値を、TSA(Time Stamp Authority=時刻認証局)に送信します。TSAはTAA(Time Assessment Authority=時刻配信局)から時刻を提供されて、CA局から証明書を取得します。

これら情報をまとめて、電子署名を付加した「タイムスタンプトークン」といわれているものを利用者に返送します。利用者はこのタイムスタンプトークンを使って電子文章が「いつ」作成されたものかを証明できます。

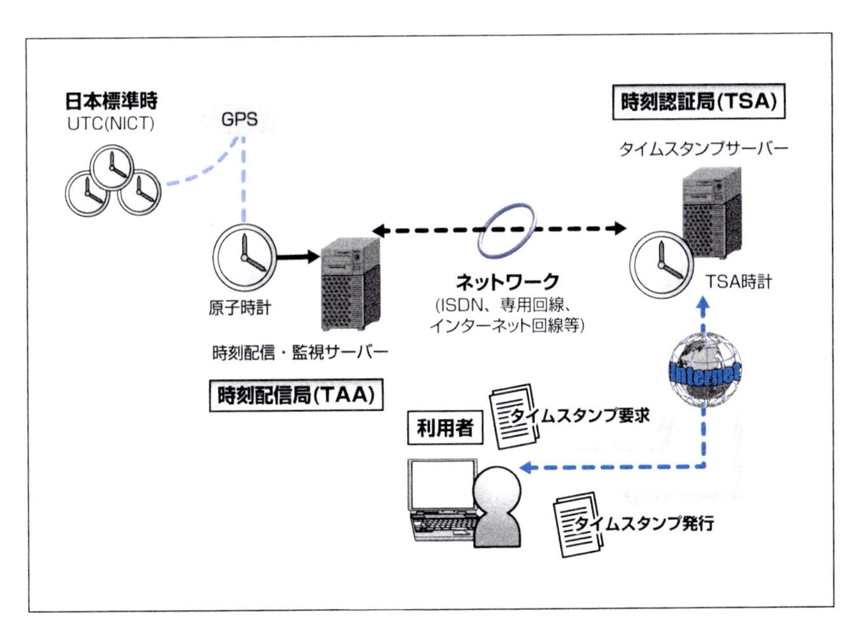

SECTION-27

セキュアプロトコル（暗号を利用したプロトコル）

ショッピングサイトやネットバンキングなど、個人情報や認証情報をやり取りするサイトでは、入力された情報を他人に盗聴されないように通信の暗号化をする必要があります。

暗号化はどのプロトコル階層で行われるかを整理すると理解しやすいと思います。暗号を利用した通信のプロトコル（規約）を一般的にセキュアプロトコルと呼びます。

以下に代表的なプロトコルについて解説します。

SSLとは

SSL（Secure Sockets Layer）はトランスポート層の暗号化で、主にWebブラウザで一般的に使われているものです。SSLは「共通鍵暗号方式」と「公開鍵暗号方式」を組み合わせて行います。

利用者が準備した共通鍵を、サーバーの公開鍵で暗号化し（公開鍵暗号方式）、サーバーに送信します。サーバー側でサーバーの秘密鍵で復号して共通鍵を取り出します。

次に利用者は先ほど準備した共通鍵でデータを暗号化します（共通鍵暗号方式）。このデータをサーバーに送信し、サーバー側で先ほど取り出した共通鍵で復号してデータを取り出します。

アプリケーション層であるHTTP通信とSSLを組み合わせたものがHTTPSと呼ばれているものです。SSLはこのようにアプリケーション層との組み合わせで利用されるもので、ほかにはFTPSやIMAPSなどもあります。

HTTPSはURLの表示が「https://」で始まるのはご存知かと思いますが、それ以外に鍵のアイコンが表示されているのはご存知でしょうか。この鍵のアイコンをクリックすると「サイト証明書」を表示することができます。SSL通信が確立している場合は鍵アイコンがしっかりかかっているか確認しましょう。

また、よく「このサイトの証明書は信頼できません」のようなメッセージが表示されることがあります。これは、サーバーの証明書に何かしら問題があることを示しているので、安易に警告を無視すると危険があることを認識してください。

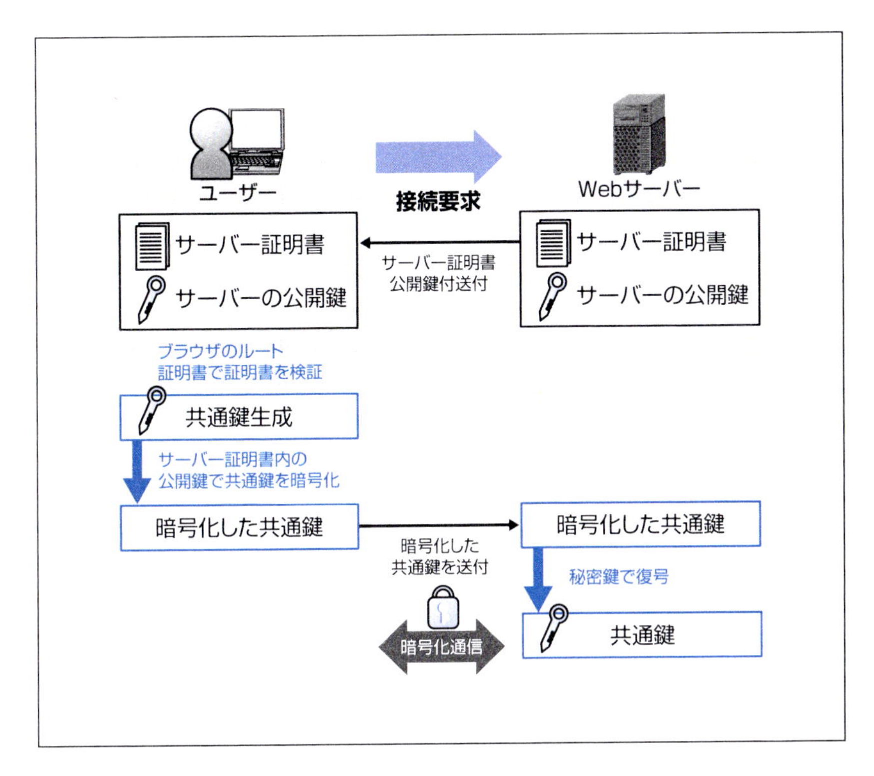

IPsecとは

IPsec(Security Architecture for Internet Protocol)はインターネット層の暗号化で主にVPN(Virtual Private Network)を利用するときに使われます。IPsecはインターネット層を暗号化するため、特定のアプリケーションのみを暗号化するのではなく、アプリケーション層全体を暗号化することができることが特徴です。

IPsecを搭載したVPNルーターを利用したサイト間VPNと、VPNクライアントを搭載したPCからVPNルーターに接続するクライアントVPNがあります。

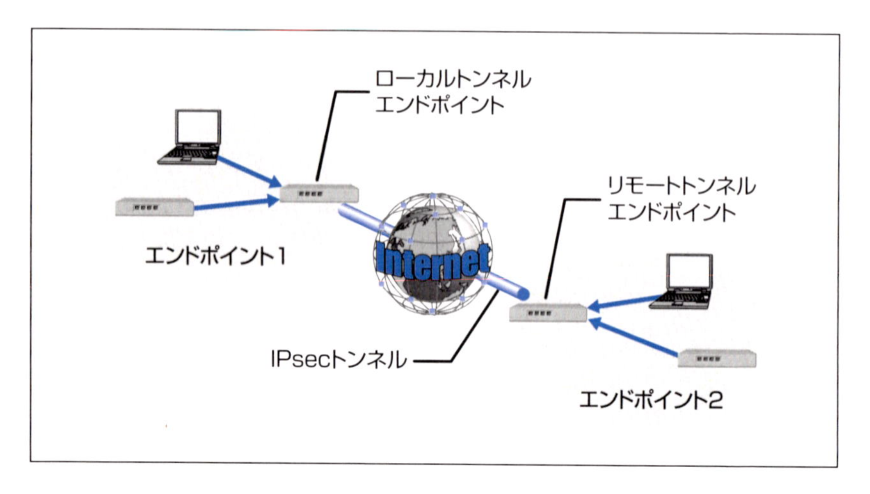

PPTPとL2TPとは

スマートフォンに標準で搭載されている機能でリモートアクセスする場合にPPTP(Point to Point Tunneling Protocol)やL2TP(Layer2 Tunneling Protocol)が使われます。

PPTPは、昔ダイヤルアップ接続などでよく使われていたPPPというプロトコルを、IPネットワークでやり取りできるようにしたプロトコルで、外出先のノートパソコンから社内のVPN装置にリモートアクセスするときなどによく使われていました。Windows OSは標準でPPTPクライアント機能を備えています。

L2TPは、PPTPとL2Fというプロトコルを統合して標準化されたプロトコルです。データを暗号化する機能がないため、IPsecと併用し、L2TP/IPsec(L2TP over IPsec)として使うのが一般的です。PPTP同様、Windows OSは標準でL2TP/IPsecのクライアント機能を備えています。しかしながら対応するVPN装置が少ないことから、PPTPに比べるとこれまであまり利用されてきませんでした。

●PPTP

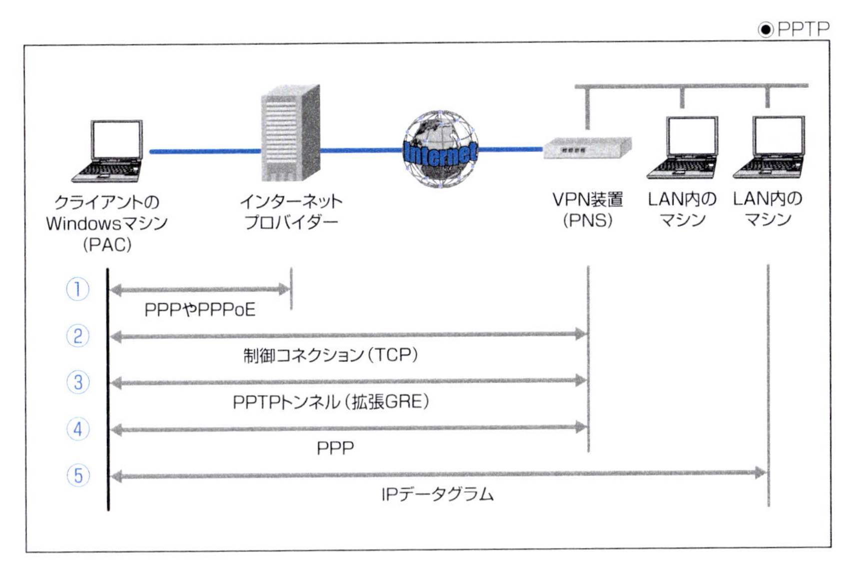
クライアントの
Windowsマシン
(PAC)
インターネット
プロバイダー
Internet
VPN装置
(PNS)
LANの
マシン
LAN内の
マシン
①
PPPやPPPoE
②
制御コネクション(TCP)
③
PPTPトンネル(拡張GRE)
④
PPP
⑤
IPデータグラム

●IPsec

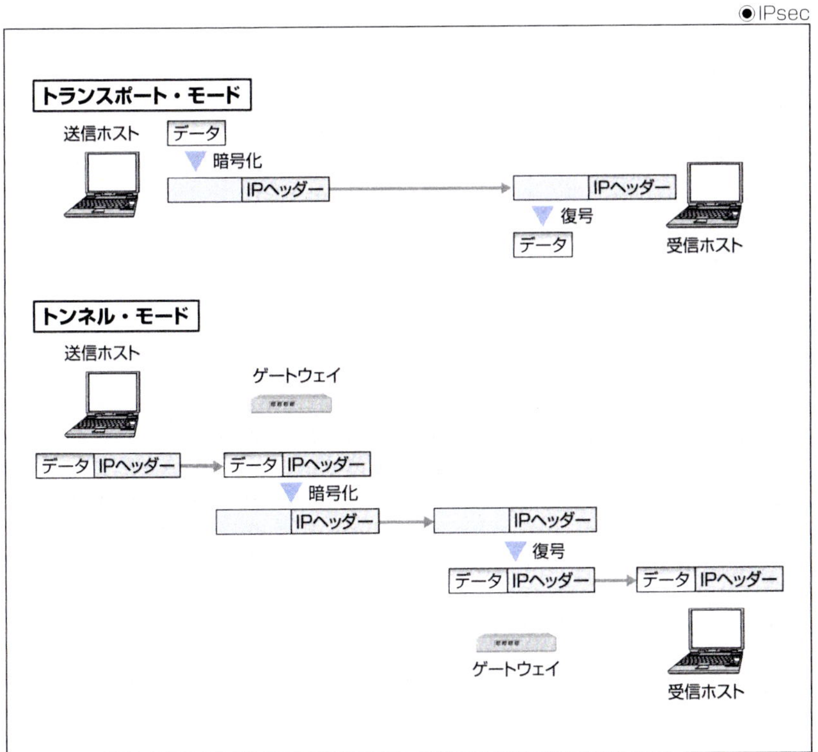
トランスポート・モード
送信ホスト
データ
暗号化
IPヘッダー
IPヘッダー
復号
データ
受信ホスト
トンネル・モード
送信ホスト
ゲートウェイ
データ
IPヘッダー
データ
IPヘッダー
暗号化
IPヘッダー
IPヘッダー
復号
データ
IPヘッダー
データ
IPヘッダー
ゲートウェイ
受信ホスト

電子メールの暗号化

インターネット上で最もやり取りされているのは電子メールではないでしょうか。しかしながら、電子メール自体は暗号化されないことが多く、改ざんやなりすましなどが容易にできてしまいます。電子メールは多くの中継サーバーを経由するためネットワークの暗号化では対応ができません。

電子メールにおける暗号化や電子署名で一般的に使われているのは、PGP(Pretty Good Privacy)とS/MIME(Secure/Multipurpose Internet Mail Extensions)です。

◆ PGP

PGPは友達の輪(友達の友達は信用できる)の考え方で設計されています。友達関係にあるということはやり取りする相手は信用できるということです。この考え方は、CA局に証明してもらう必要がないので、知り合い同士の小さいネットワークであれば手軽に利用できます。

たとえば、AさんとBさんが友人であるとします。AさんがBさんの公開鍵に署名します。AさんとCさんも同様に友人であったとき、BさんからCさんにメールを送信したとします。CさんはBさんのことを直接、知りませんが、Bさんの公開鍵を確認すると、Aさんの署名が付いているため、信頼できる人だと判断することができます。

もう1つ、公開鍵に対するハッシュ値である「フィンガープリント」と呼ばれる文字列を使ったやり方もあります。受け取った公開鍵から計算されるフィンガープリントと公開されているフィンガープリントを比較して一致すれば正しい公開鍵であると判断する方法です。

公的な機関などでは、Web上でフィンガープリントを公開しています。

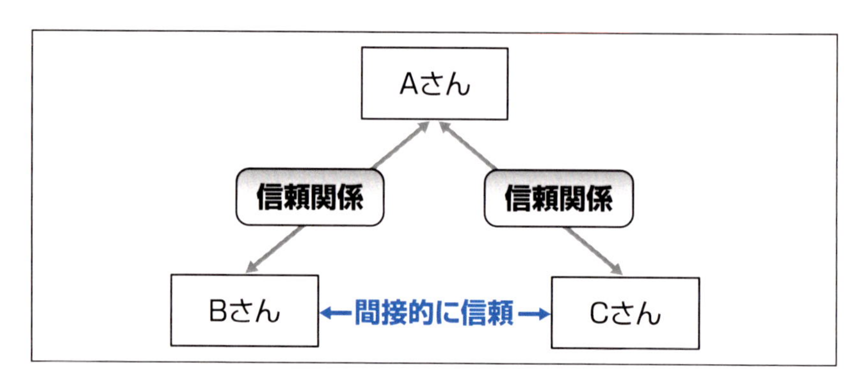

◆S/MIME

S/MIMEはPGPと異なり、CA局で証明書を発行し、公開鍵の正当性を検証するためのCA局が必要になります。メールの添付ファイル(MIME)の仕組みを応用し、本文を暗号化して添付ファイルとして送信し、正規の受信者でなければ復号できないようにしたり、暗号化された署名情報を添付して送信者が確かに本人であることを確認したりできます。暗号化と署名は同時に用いることも、必要に応じて片方のみ用いることも可能です。

S/MIMEの仕組みを利用して電子署名の付いた電子メールのやり取りを行うには、事前に次の手順を行います。

1 送信者は認証局に対して公開鍵を登録します。
2 電子証明書の発行を受けます。
3 受信者も事前に認証局の電子証明書・失効リストを入手しておきます。

次に送信者は、送信する電子メールの本文を作成して次の手順を踏みます。

4 電子メール本文から秘密鍵を用いて電子署名を生成します。
5 生成された電子署名は、電子文書本文と送信者の電子証明書を合わせて、受信者に対して電子メールで送信します。

受信者は、次の手順踏みます。

6 電子メールを受信し添付されている送信者の電子署名を認証局の電子証明書などにより確認し、電子証明書の有効性を確認します。
7 送信者の電子証明書から公開鍵を取りだし、電子署名を検証します。復号された電子署名と電子文書の本文を比較し、改ざんがないことを検証します。

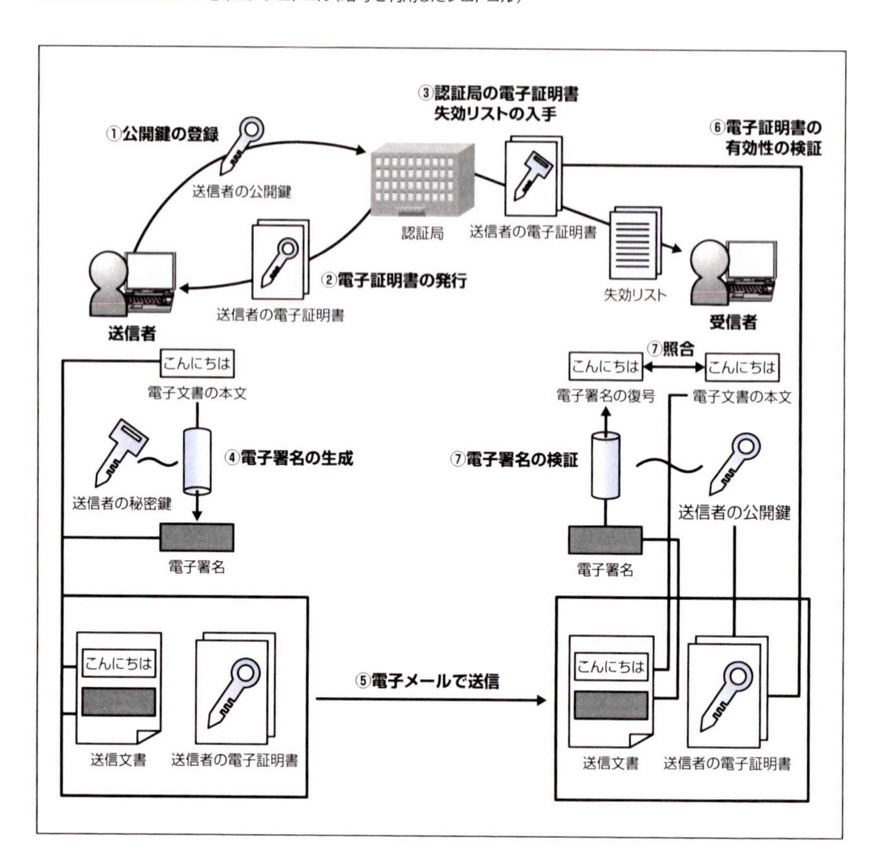

SSHとは

SSHとは、主にUNIXコンピュータで利用されているネットワークを介して別のコンピュータにログインして操作するためのソフトウェアです。通信経路が暗号化されるため、インターネットなどを経由しても安全にアクセスすることができます。

コンピュータ上で動作しているOSに利用者が指示を与えるためのシェル(Shell)と呼ばれるプログラムの一種で、遠隔からコンピュータの操作画面を呼び出して、手元のコンピュータから入力したコマンド(命令)などを送信して実行し、結果を受信して表示することができます。公開鍵暗号と秘密鍵暗号を組み合わせて通信経路を暗号化し、パスワードなどの認証情報や入力されるコマンド、出力された処理結果などをすべて暗号化して送受信できます。

SFTPとは

SFTPとは、SSHで暗号化された通信路を使って安全にファイルを送受信するプロトコルです。SFTPでは、公開鍵認証などを用いてSSHでログインした後、FTP(File Transfer Protocol)に似たコマンド体系を使ってファイルの送受信することができます。

同様のコマンドにSCP(Secure Copy Protocol)があります。

FTPSとは

FTPSとは、FTPに、SSLを組み合わせたプロトコルです。FTPによる接続前にSSLで伝送路を暗号化するもので、送受信されるファイルのデータだけでなくFTPでは平文で送受信されていたユーザー名とパスワードも暗号化されるため、盗聴によるアカウント乗っ取りなども防ぐことができます。

SECTION-28

無線LANの暗号化

無線LANは手軽にネットワークに接続ができるため、家庭内やオフィス内だけではなく、外出先での駅やレストランなど、さまざまな場所で使われる公衆無線LANが普及しています。手軽に接続できる反面、悪意を持ってアクセスする者にとっては狙いやすい環境であるともいえます。

安価に販売されている、家庭用の無線LANやゲーム機などでは簡単に接続できるように安易なパスワードを設定して出荷したり、そもそもパスワードなしで接続できるようなものもあるので十分に注意が必要です。

特に暗号化方式によっては頻繁に脆弱性が発見されており、盗聴や改ざんなども可能になってしまうことから、無線LANの運用には気を使う必要があります。

WEPとは

WEP(Wired Equivalent Privacy)は、無線LANで最初に登場した暗号化方式です。暗号方式は共通鍵暗号方式を採用し、この共通鍵をWEPキーと呼んでいます。送信側と受信側で同じWEPキーを設定することから、一種のパスワードのようなものともいえます。

WEPキーは一旦、設定すると、変更するまでは同じWEPキーが使われることと、暗号化に利用しているRC4(共通鍵暗号方式)がすでに解読されていることから、現在では利用を推奨していません。しかしながら、WEPキーを利用した無線LAN機器はまだ多く残っており、問題になっています。

WPAとは

WEPキーの弱点を解消するために考え出されたのがWPA(Wi-Fi Protected Access)です。WEPキーが固定化されている問題に対して、鍵を一定時間ごとに変更する機能を備えています。通信機器のMACアドレスなどをもとにして、一時的な暗号鍵を生成して一定の通信量を超えると新しい鍵に変更します。

接続相手を認証する技術である、IEEE802.1xを採用し、認証サーバーから暗号化鍵を発行してもらいます。しかしながら、家庭用などでは認証サーバーを用意することは困難なため事前に発行された鍵を利用する方法が一般的です。

これをPSK(Pre Shared Key)と呼んでいて、PSKを利用したWPAをWPA-PSK(WPAパーソナル)と呼んでいます。WPAはWEPより安全ではありますが、RC4を採用していることは変わりがないため、不安は残ります。

WPA2とは

WPAの問題点を解消するために、RC4より強力な共通鍵暗号方式であるAES(Advanced Encryption Standard)を採用したのがWPA2です。WPA2はWEPやWPAの問題点をすべて解消しており、現在では最も安全性が高い方式といわれています。

一般家庭向けにはWPAと同様にPSKを利用する、WPA2-PSK(WPA2パーソナル)が利用されています。

COLUMN

Wi-Fi Alliance

無線LAN機能を搭載した製品を開発/販売する場合、必須というわけではありませんが、他の無線LAN機器との相互接続性を強くアピールしたい場合にWi-Fi Allianceに加盟して、Wi-Fi認証を取得します。

Wi-Fi Allianceとは、IEEEによって標準化された高速無線LANの規格であるIEEE 802.11規格群を推進しており、相互運用性を保証するための業界団体です。通信機器メーカーなどを中心に無線LAN関連業界の企業が参加しています。

IEEE 802.11a/b規格の愛称として知られる「Wi-Fi」はWi-Fi Allianceが提唱している名称です。設立当初は「WECA」(Wireless Ethernet Compatibility Alliance)という団体名だったが、Wi-Fiの名称の普及に合わせ、2002年10月、Wi-Fi Allianceに改称しました。

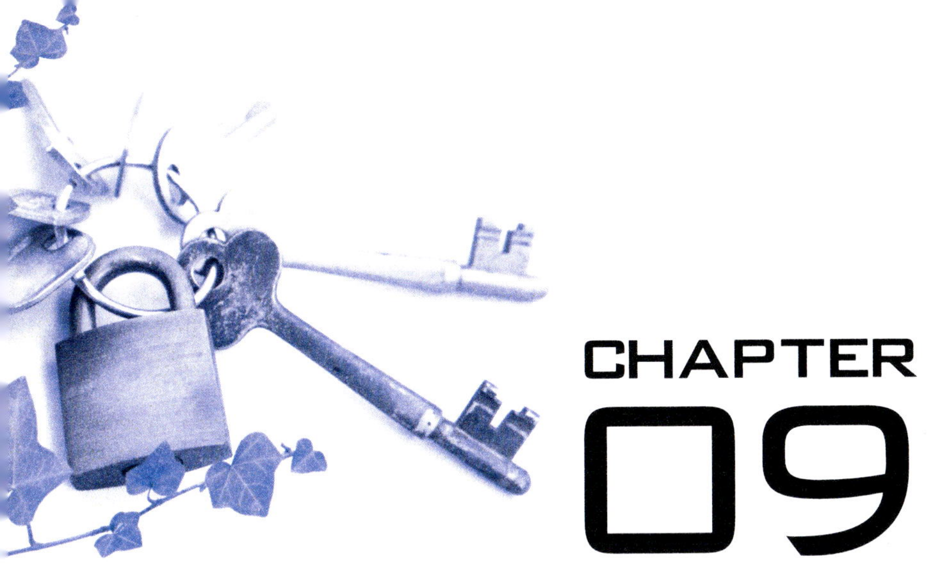

CHAPTER 09
認証と認可の基礎技術

本章の概要

本章では、ITのシステムで基本の機能である、認証と認可について解説します。また、シングルサインオンやフェデレーションといった最新の技術についても解説します。

SECTION-29

認証と認可とは

認証と認可は同時に行われることが多いので、多くの人は混同していることが多いものです。

ほとんどのシステムは、IDとパスワードで利用者本人を特定し、そのIDがどんな権限で動作するのかの制御を行っています。

前者の利用者本人を特定する行為を「認証(Authentication)」と呼びます。認証はIDとパスワードによって行われることが一般的ですが、最近はワンタイムパスワードや生体認証などほかの認証方法で本人を特定する仕組みも普及しています。

一方、後者の認証された利用者に対してアクセス権限での制御を行うことを「認可(Authorization)」と呼びます。アクセス権限は部署や役職、プロジェクト単位などで適切にコントロールすることで情報漏えいなどのリスクを下げる効果があります。

一般的に認可に対する考え方として、「Need to Know」の原則といわれているものがあります。これは「知る必要の原則」と訳されますが、わかりやすく解説すると、情報は知る必要がある者に対してのみ与え、知る必要のない者には与えないという意味になります。

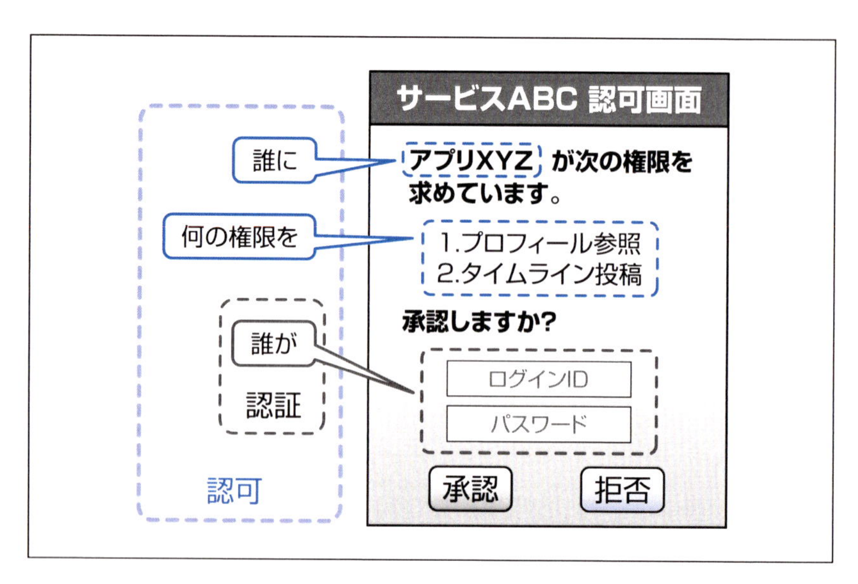

アクセス権限が適切に設定されていないと、本来そのユーザーには「禁止」されるべき行為を許可してまったり、逆に許可されるべき行為に制限をかけてしまいます。このため、アクセス権限の設定は慎重に行う必要があります。

さまざまな認証方式

一般的なWebアプリケーションの認証方式としてよく採用される例として、BASIC認証やフォーム認証、チャレンジレスポンス認証、クライアント証明書認証などの方式があります。それぞれの認証方式について解説します。

◆BASIC認証の仕組み

BASIC認証は「基本認証」ともいわれ、多くのWebサーバーで利用できる簡単な認証の仕組みです。BASIC認証が設定されているWebサイトにWebブラウザでアクセスすると、Webブラウザの機能でログイン画面が表示されます。IDとパスワードを入力することで認証を行うことが可能です。

BASIC認証で認証を行う際は、入力されたIDとパスワードを毎回サーバーに送信しています。このとき、BASE64と言う符号方式で符号化はされますが、簡単に元のIDとパスワードに変換できることから、盗聴されるリスクが高いものになります。このため、BASIC認証を利用する場合は、SSLでの暗号化が推奨されています。

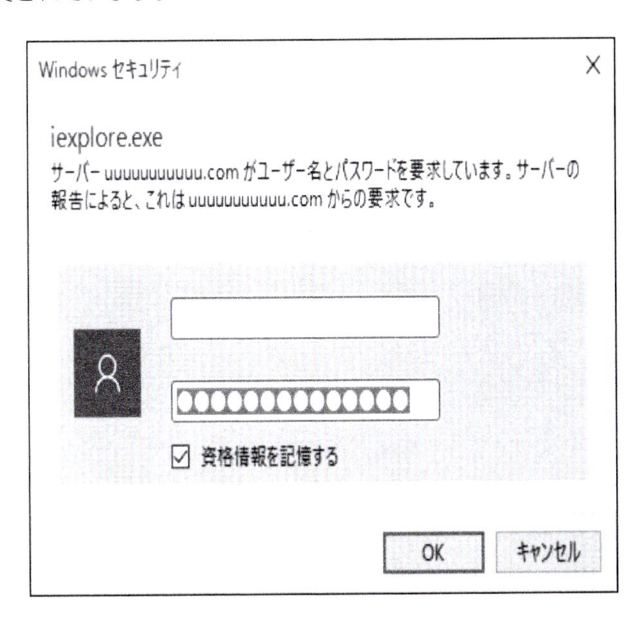

◆ フォーム認証の仕組み

フォーム認証は、HTMLフォームにIDとパスワードを入力するところを設置して、Webアプリケーション側で認証を行う方式です。データベースやパスワードファイルなどにIDとパスワードを保持し、入力されたIDとパスワードを照合し一致した場合にログインを許可するようにします。

IDとパスワードの入力画面や照合方式をWebアプリ開発者側で自由に設計できるため、ネットショッピングサイトやネットバンキングサイトをはじめ、多くのWebサイトで利用されています。

認証された後はセッション情報を利用して利用者を特定しながら画面遷移ができるため、盗聴やなりすましなどの対策が取りやすい特徴もあります。

◆ フォーム認証も暗号化が必要

フォーム認証もBASIC認証と同じように、IDとパスワードは暗号化せずにWebサーバーに送信するため、一般的にはSSLで暗号化します。

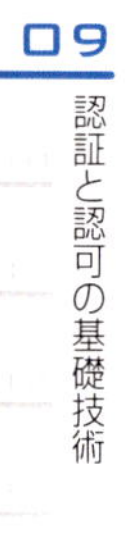

◆チャレンジレスポンス認証

通信の暗号化ではなく、認証時の文字列にハッシュなどを用いて認証する方法が「チャレンジレスポンス認証」です。一般的にはダイジェスト認証と呼ばれています。

サーバーから「チャレンジ」と呼ばれる文字列をクライアント側に送信し、クライアント側ではユーザーが入力した「パスワード」と先ほどの「チャレンジ」を特定の演算をして、その結果をサーバーに返します。サーバー側でも同じ演算をして演算結果同士が合致すれば認証成功となります。

ダイジェスト認証は、利用者のパスワードがそのままネットワーク上に流れないため、BASIC認証と比較して安心と言えます。SSLが使えないときの有効な認証手段です。

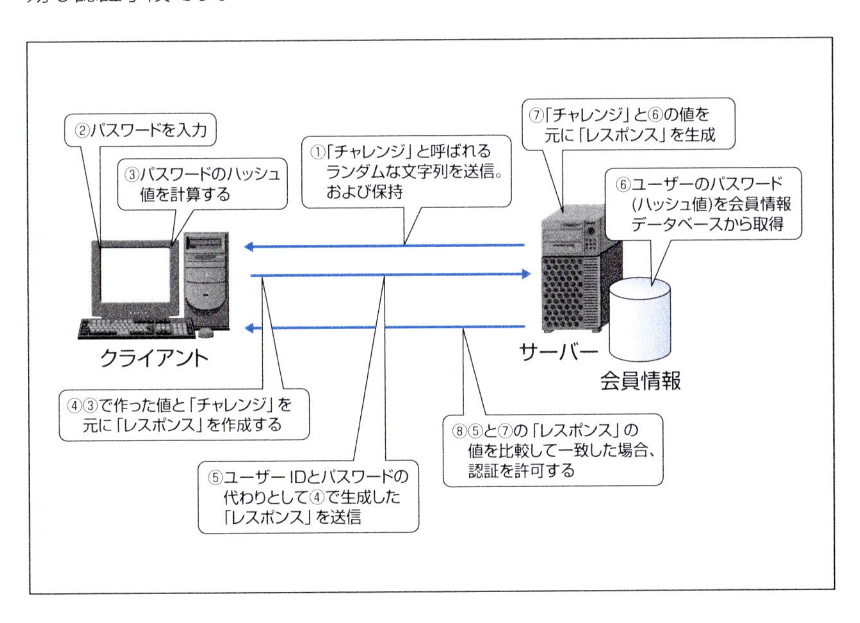

◆ クライアント証明書認証

クライアント側に保持した電子証明書を使った認証方式を「クライアント証明書認証」と呼びます。これは、クライアント証明書を持っている(所有している=本人)ことで認証を行うものです。レンタルビデオ店の会員証をイメージするとわかりやすいかもしれません。

クライアント証明書認証は、利用者の証明書をサーバーに送信することで公開鍵をサーバー側に公開します。さらにサーバーから送信されたデータを利用者の秘密鍵で暗号化して送信する仕組みのため、サーバー側では利用者の公開鍵を使うことで暗号化されたデータを復号化できます。復号に成功したことをもって正しい利用者であることを判定できます。

クライアント証明書はIDとパスワードを利用しない方式のため、安全な認証方式といえますが、証明書の紛失や盗難には注意する必要があります。

万が一証明書の紛失や盗難にあった場合は、証明書を失効することで利用を止めることはできます。

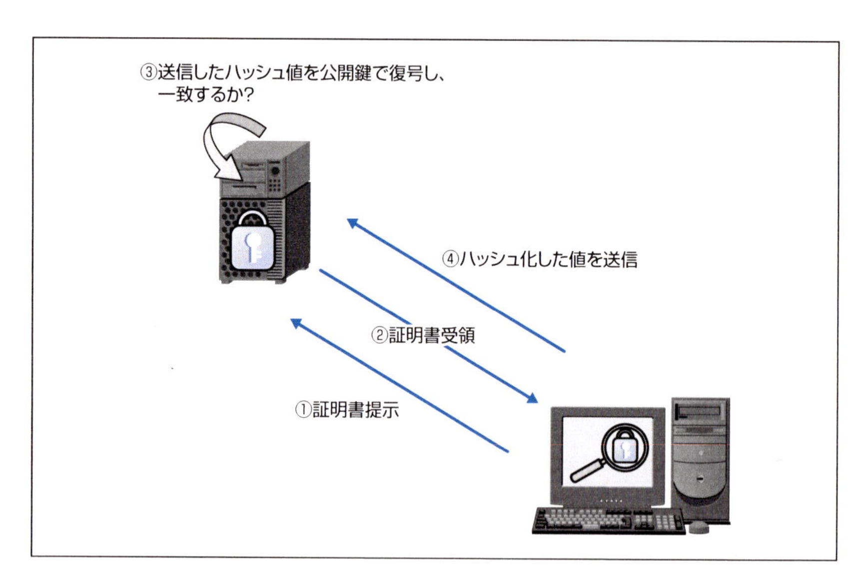

SECTION-30

認証の強化(二要素認証、二段階認証、生体認証)

認証はIDとパスワードの組み合わせで行うのが一般的でかつ安価な仕組みですが、ハッキングやなりすましされやすいという弱点があります。

この弱点を補強する手段として、二要素認証、二段階認証、生体認証などがあります。

認証の三要素

利用者を特定する要素としては次の3つの要素が基本となります。

- 知識認証……パスワードなど人の知識で認証するもの
- 所有認証……所持していることが本人であるとみなして認証するもの
- 生体認証……人の身体的特徴(指紋や静脈など)で認証するもの

二要素認証とは

知識認証と所有認証、知識認証と生体認証など、2つの認証を組み合わせたものを「二要素認証」といいます。また、2つ以上組み合わせたものをまとめて多要素認証ということもあります。二要素認証では2つの認証が揃わないと認証が完了しないので、たとえば1つ目のID・パスワードが漏えいした場合でも、第三者がログインを成功させることはできません。

二段階認証とは

利用者がパスワードによる認証を行った後に、再度、パスワードを要求されるような認証は「二段階認証」と呼ばれています。

二段階認証は二要素認証と異なり、同じ要素の組み合わせを2回行うことが特徴です。

生体認証とは

生体情報を人間の身体的な特徴で本人と認証するため、偽造やなりすましに強い認証方式です。具体的には指紋、静脈パターン、光彩パターン、顔形状などがありますが、Webの認証方式としてはまだ一般的ではありません。これは、この認証方式の特徴として生体情報をあらかじめ提供してもらう必要があるからです。

また、装置自体が高価になる傾向にあるため、Webシステムでは普及が進んでいません。

ごく最近になり、「FIDO(Fast IDentity Online)」という技術が出てきました。これは、クライアント側で生体認証を完結させて、クライアントとサーバー間はクライアント証明書認証を使って認証するもので、今後の普及が待たれます。

●FIDOの仕組み

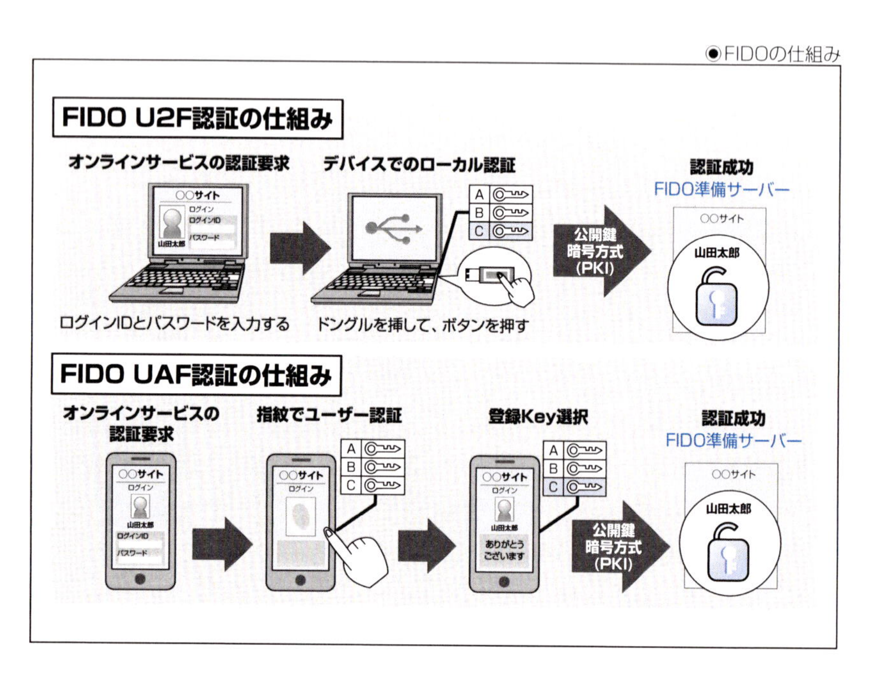

SECTION-31

アクセスコントロールの考え方

アクセスコントロール(Access Control=認可制御)とは、情報資産に対してユーザーやプログラムが、あらかじめ決められた認可要件において、アクセスできるかどうかをシステム上、制御や管理をするためのセキュリティの考え方です。そのため、「認可制御」とも呼ばれています。

主なアクセスコントロール

主なアクセスコントロールとしては、次の6つが挙げられます。

◆DAC(任意アクセス制御)

DAC(Discretionary Access Control)は、任意アクセス制御とも呼ばれ、ファイルなどのオブジェクトの所有者(Owner)が、ファイルごとにアクセス権限を設定し、メンバーの属性に対して、アクセス権限を自由に設定し、許可を与えることができる仕組みです。

◆MAC(強制アクセス制御)

MAC(Mandatory Access Control)は、強制アクセス制御とも呼ばれ、ファイルなどのオブジェクトの所有者(Owner)に関係なく、システム管理者(Administrator)の属性により、アクセス権限を強制的に決めることができる仕組みです。そのため、ファイルの所有者であっても、アクセス権限を設定し、変更することができません。

◆RBAC(役割ベース制御)

RBAC(Role Based Access Control)は、役割ベース制御とも呼ばれ、システム上の役割に基づいて、アクセス権限が行われる仕組みです。たとえば、メンバーの属性を複数にしたり、必要最小権限をユーザーに与えたり、プロセス処理に付与することができます。

◆RAC(ルールアクセス制御)

RAC(Rule Access Control)は、すべてのユーザーやプロセス処理に対して、アクセスコントロールに基づく認可制御を行い、アクセス権限が行われる仕組みです。たとえば、ルーターやファイアウォールにこの方式が採用されています。

◆ラベル式アクセス制御

ラベル式アクセス制御は、情報資産に対してラベルを付与し、これを元にして「誰がどの情報資産に対して、どのような操作を行うことができる」のかを定義するMAC(強制アクセス制御)を用いた、認可制御の1つです。

◆ACL(アクセスコントロールリスト)

ACL(Access Control List)とは、オブジェクトに対してどのような操作が、誰にどの権限が許可されているかを登録したリストの仕組みです。たとえば、あるファイルに対して、ユーザーに変更権限が与えられ、所属しているグループには「読み取り権限」のみが与えられていた場合、「読み取り権限」がそのユーザー権限になる認可制御です。

DAC(任意アクセス制御)とMAC(強制アクセス制御)の違い

DAC方式は、ファイル作成者の意思でアクセス権を設定できるのに対して、MAC方式はOSがあるレベル以上、権限を甘く設定できないようにコントロールすることができます。その意味においては、後者の方が安全と考えられます。

なぜなら、DAC方式は管理者権限を持つことで制御できるのに対し、MAC方式はシステム自身のみの制御を許可することができるからです。

シングルサインオンとは

シングルサインオンとは、1回の認証で複数のアプリケーションにアクセスできる仕組みです。利用者にとっては複数のIDやパスワードを記憶しておく必要がなくなるため、利便性が向上します。しかしながら、その認証情報が一旦、漏れてしまえば、すべてのアプリケーションにアクセスされてしまう危険性もあるため、パスワードの管理をより厳格にしたり、二要素認証を取り入れるなどの対策が必要になります。

また、システム管理者にとっては、認証情報を一元的に管理でき、複数の認証情報を管理することがなくなるため、業務負荷の軽減が可能になります。

さらに、パスワード忘れの対応(ヘルプデスク業務)業務も軽減が可能になります。

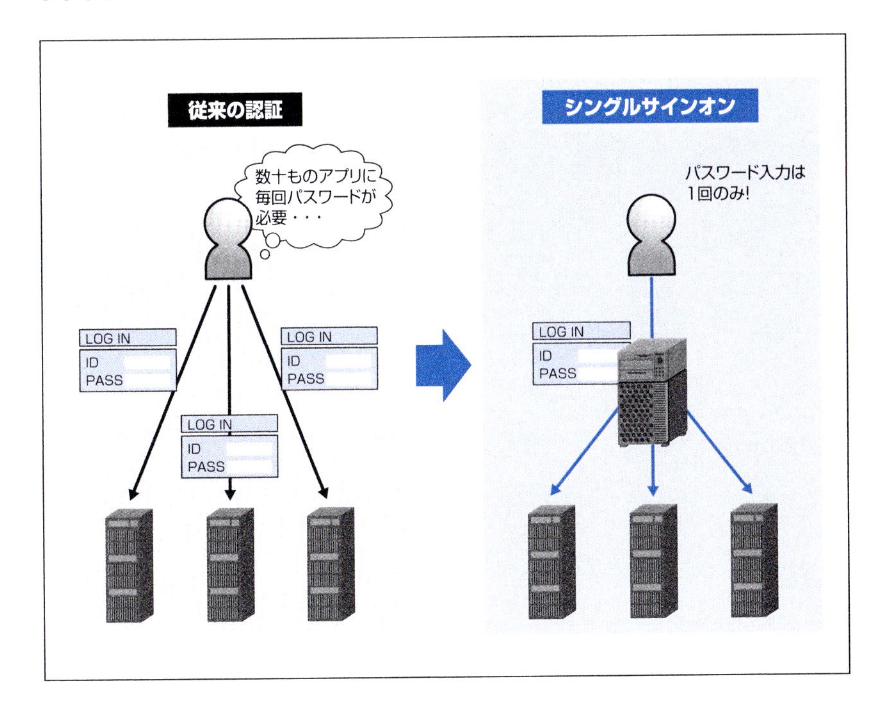

シングルサインオンを実現する技術

シングルサインオンを実現する技術はさまざまな手法があり、代表的なものとして次のものがあります。

- リバースプロキシ方式
- 代理認証方式
- サーバーエージェント方式
- クライアントエージェント方式
- フェデレーション方式

それぞれの仕組みや特徴は、下表を参照してください。

ここでは、最近クラウドサービスとのシングルサインオンでよく用いられる「フェデレーション方式」について解説します。

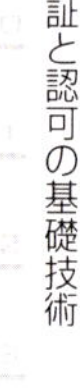

	リバースプロキシ方式	代理認証方式
仕組み	リバースプロキシを設置、Webアプリケーションとエンドユーザーの間で認証を代行する	Webサービスに対して、認証用のHTMLなどを生成して送信する
アプリケーションへの対応	△Webアプリケーションのみ	△Webアプリケーションのみ
エンドユーザー動作環境	○ほぼ制限なし（Webブラウザの機能に依存）	○ほぼ制限なし（Webブラウザの機能に依存）
導入の容易さ	△リバースプロキシの設定が必要。Webアプリの全ページの検証が必要。SSO対象となるシステムの改変はほぼ不要。比較的短納期	×各Webサービスへ送信する認証用HTMLや認証手順に応じた開発が必要
管理者の負担	×Webアプリの構成が変更される度に、検証と設定変更が必要	△認証用ページが変更になれば再検証・改変・開発が必要
エンドユーザーの負担	○エンドユーザーの環境に手を加えない	○エンドユーザーの環境に手を加えない
特徴	Webアプリのみ対応。比較的導入しやすい	Webアプリのみ対応。導入・開発の負担大

◆ フェデレーションとは

フェデレーションは認証連携とも呼ばれ、認証と認可を別々のサーバーで行うのが特徴です。フェデレーションをわかりやすくたとえると、海外旅行で行われる入国審査があります。入国審査はあらかじめ日本政府にパスポートの発給申請を行い、パスポートを入手します。入国審査時にそのパスポートを提示して相手国に入国します。

このときの、パスポートの発給を「認証」、入国審査を「認可」と置き換えるとフェデレーションの仕組みがよく理解できます。

	サーバーエージェント方式	クライアントエージェント方式	フェデレーション方式
	各種サービスを提供するサーバーにエージェントを導入。エージェントが認証を制御	エンドユーザーが利用するクライアントのPCにエージェントを導入。エージェントがエンドユーザに代わり、各種アプリの認証を処理する	IdP（Identity Provider）を設置、認証用のトークンを生成して送信する。Webアプリケーションとエンドユーザーの間で認証を代行する
	×エージェントが提供されているシステムのみ。なければ開発	○Web以外にデスクトップアプリ、汎用機エミュレータなどにも対応する	△Webアプリケーションのみ
	○制限なし	△クライアントエージェントが対応するもののみ対応	○ほぼ制限なし（Webブラウザの機能に依存）
	×エージェントのサーバーへの組み込み。それに伴う改変が必要な場合も。エージェントがない場合は開発が必要	○各アプリケーションの認証ページの学習を行う。各システムへの改変は不要	△各Webサービスへ送信する認証用トークンや認証手順に応じたIdPの設定が必要
	×アプリの改変に伴う、エージェントのバージョンアップ・改変・開発が必要	○認証用ページが改変になれば、再学習が必要。サーバエージェントに比較すれば容易な場合が多い	○ほぼなし
	○エンドユーザーの環境に手を加えない	△クライアントエージェントのインストール、保守を行う必要あり	○エンドユーザーの環境に手を加えない
	対応できる製品が制限されやすい。対応のための開発コスト大。エンドユーザーへの負担がない	アプリケーションへの対応が柔軟（レガシーアプリに強い）。導入が比較的容易	Webアプリのみ対応。導入・開発の負担大

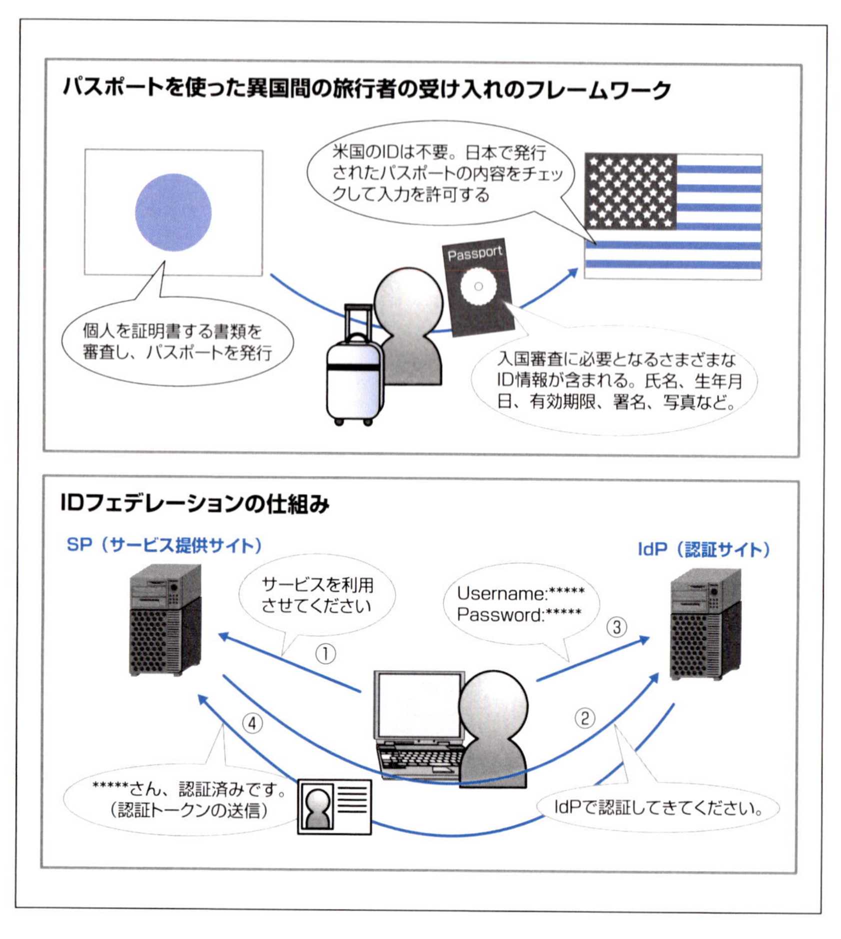

フェデレーション方式でよく用いられる技術として、SAML(Security Assertion Markup Language)とOpenID Connectがあります。主にSAMLは企業向け、OpenID Connectはコンシューマ向けに利用されることが多いですが、OpenID Connectを企業向けに適用する事例も出てきています。

◆ SAML

企業の所属している社員が、自社で利用しているIDとパスワードの情報を使って、社内システムに認証をして利用していますが、この認証情報を使って外部のクラウドサービスを利用できる仕組みがSAMLです。SAMLは利用者の認証を行うだけではなく、部署や役職などの情報に従ってアクセス制限(認可)をさせることが可能です。

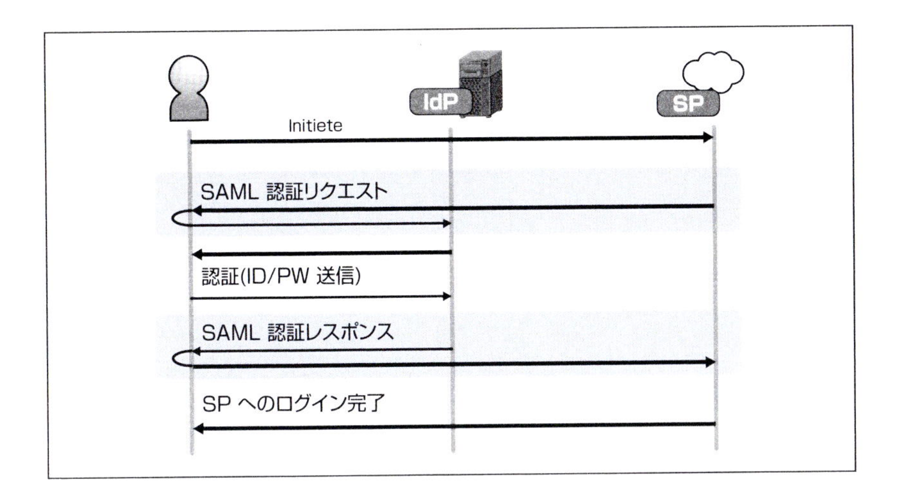

◆ OpenID Connect

利用者がOpenID Connectに対応しているサイトでIDを登録すると、OpenID Connectをサポートしているサイトやアプリケーションに、すべ同じIDでログインできるようになります。SAMLは事前に認証プロバイダーとWebサイト(サービスプロバイダー)の間で相互信頼関係を結ぶ必要がありますが、OpenID Connectはこの信頼関係が不要であるのが特徴で都度動的に信頼関係が構成される特徴があります。

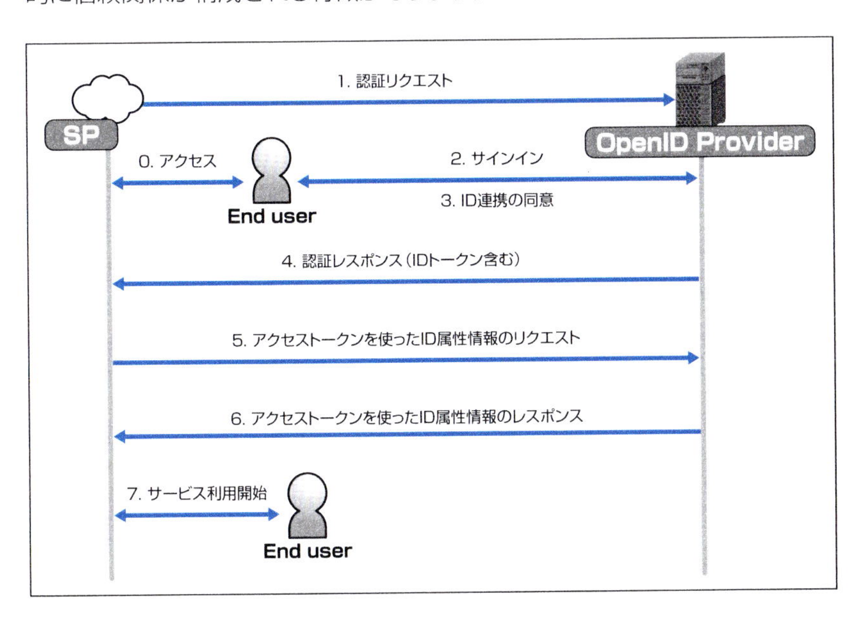

特権IDとは

特権IDとは、ITシステム上で一般ユーザーが持っていない特別な権限を付与されたIDを意味します。Windowsシステムにおける「Administrator」やUNIX/Linuxシステムにおける「root」が特権IDに相当します。一般的に「特権ユーザー」と呼ぶ場合もあります。

特権IDは、システムの起動・停止、設定変更など、サーバー管理者がシステムを運用する際によく利用されます。また、ユーザーの新規作成や更新、削除などアカウント管理、システム設定の変更、サーバーの起動や停止、アプリケーションのインストールなど、システム上でのあらゆる作業が可能な高い権限が与えられています。

特権IDの運用

特権IDは、ITシステムにおいて非常に強い権限を持つため、悪用されると影響も大きく、情報漏えいや機能停止など、システム全体が重大な危険にさらされることになります。

悪意ある第三者による悪用はもちろんですが、日常、この特権IDを利用する内部関係者による不正利用によるセキュリティ事故も多数、報告されています。高い権限を悪用して操作のログを消去したり、不正行為の痕跡を隠すことも可能であり、問題発生後の追跡が困難になることもあります。

また、特権IDは運用上、その特異性から共有して利用(共有ID)している場合があります。このことにより、セキュリティ事故が発生した場合に、誰の操作であるかを特定できないケースもあります。また、同じパスワードを保有するため、漏えいするリスクも高くなります。

こうした問題を解決するため、特権IDによる操作を実際のユーザーとひも付けして、操作ログを記録・保存するといった製品も出始めています。

本来、1つの特権IDにすべての権限を集中させるのではなく、権限を細かく分割したり、一部の権限を委譲したり、承認ワークフローといったプロセスを経て利用する形態が有効とされています。このように複数の「人」を介在させることにより、相互監視による不正の抑止やIDをはく奪されたときの、被害の拡大防止などが可能になります。

CHAPTER 10
セキュアプログラミング開発

本章の概要

OSやアプリケーションにおいて、プログラムソースの中に悪意あるコードやプログラムの脆弱性が含まれている場合、予期しない動作をすることあります。本章では、セキュリティホールの解消につながる開発方法やテスト技法を取り上げながら、セキュアプログラミング開発の概要を解説します。

次に、セキュリティ対策に必要なプログラミングの基礎知識としてHTMLやC/C++、ECMAScript(JavaScript)を含む、Webアプリケーションプログラミングのセキュリティ上の問題に触れ、そして最後にWeb2.0におけるセキュアプログラミング開発に必要なプログラム開発者の心得について説明します。

SECTION-34

セキュアプログラミングの基礎知識とセキュアプログラミング開発方法

なぜ、セキュアプログラミングを行う必要があるのでしょうか。脆弱性とその危険性を踏まえ、ここではその理由を解説します。

セキュアプログラミングを前提とした脆弱性の基礎知識

はじめに、セキュアプログラミングの対象となる脆弱性について説明します。

◆ OSコマンド実行によるインジェクション

OSコマンドとは、基本ソフトウェア(OS)を操作するための命令(コマンド)のことです。もしもOSコマンドを不正に埋め込まれた(インジェクション)要求を受け取った場合、攻撃者によりOSを不正に操作されてしまう場合があります。

◆ SQLインジェクション

SQLインジェクションは、SQLの特殊文字を使い、開発者が意図しないSQL文の実行を利用した攻撃です。たとえば、SQL文では、「'」(シングルクオート)で囲むことにより文字列を表現します。しかし、攻撃者が、もし不正な入力をした場合、文字列として扱う入力箇所がSQL文の一部として扱われ、利用者の予期しない結果を引き起こす場合があります。

◆ クロスサイトスクリプティング(XSS)

セキュアなプログラミング対策がなされていない場合、Web上のアンケートや掲示板サイト、サイト内検索のように、ユーザーからの入力内容をWebアプリケーションを利用する際に、不正なスクリプト命令(コマンド)を埋め込まれ、異なるページの表示(偽サイト)が可能になる場合があります。

◆ クロスサイトリクエストフォージェリ(CSRF)

ログイン認証で保護されているWebアプリケーションでも、正規ユーザーがログインした状態で不正なページをアクセスすることにより、攻撃が成功する場合があります。たとえば、攻撃者が用意した掲示板サイトを経由して、利用者が意図しない投稿をさせられる可能性や、オンラインショップサイトにおいて意図しない商品を購入をさせられる場合があります。

セキュアプログラミング開発手法

こうした脆弱性を回避するために、セキュアプログラミング開発の現場においては、どのような開発手法が用いられているのでしょうか。

2005年3月、Microsoft社が公表した「信頼できるコンピューティングのセキュリティ開発ライフサイクル(Security Development Lifecycle:SDLC)では、安全なソフトウェア製品開発のための開発プロセスとして、6つの開発フェーズを提唱しています。

●セキュリティ開発ライフサイクル

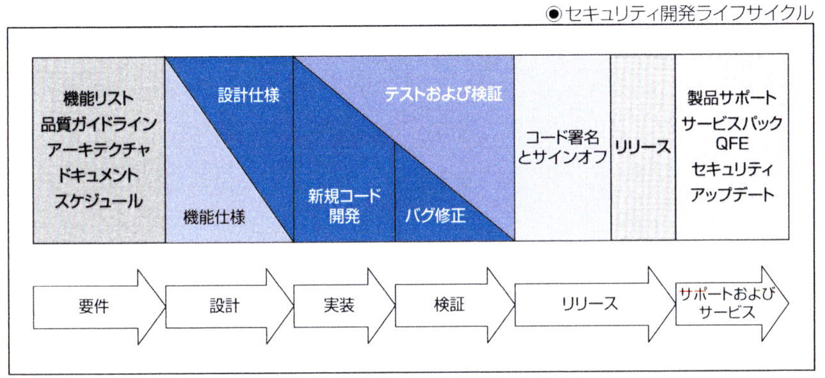

※出典　信頼できるコンピューティングのセキュリティ開発ライフサイクル(https://docs.microsoft.com/ja-jp/previous-versions/technical-document/ms995349(v=msdn.10))

◆セキュリティ開発ライフサイクル

セキュリティ開発プロセスの第一の目的は、設計、コーディング、およびドキュメントに潜むセキュリティの脆弱性を最小限にすることや、できる限りの早い段階で、プログラミング上の脆弱性を見つけて、それを取り除くことにあります。

特に、システム開発の初期段階においては、セキュリティ研究者や実務担当者が、ハッキングや未知の脆弱性を想定した、あらゆる議論ができる場と機会を、開発ライフサイクルの初期のプロセスに設けることが必要です。

また、コスト面を考慮する必要から、パッチ処理やセキュリティ運用の手間など、管理や事後にかかる人件費用を含め、ソフトウェアの品質管理に基づくテストを行うことがポイントです。さらにセキュリティホールの予防や脆弱性の解消には、セキュア開発に携わるプログラミング技術者の技能や経験以外にも、プログラム開発におけるセキュリティポリシーの定義を行う必要があります。

開発時の6つのフェーズをまとめると、次のように整理することができます。

●セキュリティ開発ライフサイクル

フェーズ	説明
①要件フェーズ	・セキュリティの主要な目的を特定し、あるいは計画やスケジュールの中断を最小にしながら、ソフトウェアのセキュリティを最大化するための段階
②設計フェーズ	・セキュリティアーキテクチャおよび設計のガイドラインを定義する ・ソフトウェアの攻撃対象領域の要素を文書化する ・脅威モデリングを実施する
③実装フェーズ	・ソフトウェアのコードを書き、テストし、統合する ・コーディングおよびテストの標準の適用をする ・ファジー化ツールなどのセキュリティテストツールの適用をする。またコードレビューを実行する
④検証フェーズ	・ソフトウェアが機能的に完成して、ユーザーによるベータテストに入る段階
⑤リリースフェーズ	・ソフトウェアの最終的なセキュリティレビュー(FSR: Final Security Review)を実施する必要がある
⑥サポートおよびサービスフェーズ	・脆弱性レポートを評価し、セキュリティ勧告をリリースして、適切な時期に更新する準備が含まれる段階

セキュリティホールの解消につながる開発テスト技法

ではセキュリティホールの解消のためには、セキュアプログラミング開発の現場において、どのようなセキュリティ開発を実施する必要があるのでしょうか。

ソフトウェアテストの第一のステップは、対象とするプログラムを分析し、テスト項目を設計(デザイン)することから始まります。セキュリティホール解消につながるテスト技法には、次の方法があります。

◆ホワイトボックステスト(White box test)

ホワイトボックステストは、プログラム内部の構造を精査し、論理的にフロー処理が行われるかに着目するテスト技法です。具体的には、プログラムの外部仕様書を元に、入力(値)の可能性のあるすべての組み合わせを検査し、それぞれのテスト項目に従って、プログラム処理が正常であるかを確認します。

ただし、むやみにデータを入力してもエラーが発生するとは限りません。また、テスト項目が、攻撃事象を前提としたセキュリティ対策に有効かどうかが問題となる場合もあるため、ホワイトテストでは、テスト項目の選択が、重要なカギとなります。また扱うデータの形式やプロトコルを選択したり、テスト用のデータを生成するなど、市場に対してリリースするまでには多くの時間とコストがかかる問題などが指摘されています。

◆ ブラックボックステスト(Black box test)

ブラックボックステストは、開発時におけるテストを止める時期の判断と、既知の脆弱性を用いながら、先行してセキュリティホールを見つけ出す点において、注目される対策技法です。

ブラックボックステストのメリットとしては、開発全体ではなく、プログラムの入出力のみに着目する点に特徴があります。そのため、プログラミングコードが安全な仕様通りに動作をするか、もしくは仕様通りに動作をしないかといった部分的なテストを行うために、開発プロジェクトを遅延せず時間を有効に節約することが可能となります。

また、プログラムの入力が単一の値である場合は、同値分割(システム機能における入力と出力関係の集合をいくつかの同値クラスに分け、各クラスから代表値を選んでテストデータとする方法)や限界値分析(ソフトウェアテストで適切なテストケースを作成する手法)を行う場合があります[1]。

◆ ファジングテスト

「信頼できるコンピューティングのセキュリティ開発ライフサイクル(Security Development Lifecycle:SDLC)」によれば、ソフトウェアの脆弱性につながるエラー検出の可能性が有効とされるブラックボックステスト技法の一例として、ファジングテスト(Fuzzing Test)を紹介しています[2]。

ブルートフォースによる脆弱性発見手法を提唱するマイケル・サットン氏によれば、ソフトウェアを実装する前のフェーズにおいて、セキュリティホールを発見する重要な点を「(ホワイトボックステストで)バグを焼き尽くす」よりも、「(ファジングテストで)ノミ取りブラシでノミを引き出す」開発手法の方が、セキュア開発上、効率的であると述べている点は、興味深いといえるでしょう。つまり、ホワイトテストのように時間をかけ、綿密にソースコードを調べるよりも、ブラックボックステストにより、効率的にバグを発見し、かかる時間と費用を削減するというのが、サットン氏の狙いです。

いずれにせよ、セキュア開発のテスト現場において重要なことは、セキュリティホールを解消するために、プログラムを実装する段階で見極め、早期に脆弱性を見つけて取り除くことにあります。また、プログラミング開発に要する期間やかかる時間やコストについて、十分に検討することが大切です。

[1]:石井康男(編集):ソフトウェアの検査と品質保証、日科技連出版社、p62,1986
[2]:マイケル・サットン、園田道夫(監訳)ファジング ブルートフォースによる脆弱性発見手法、毎日コミュニケーションズ、p12, 2008

SECTION-35

C/C++プログラミング～BOFを引き起こす関数とは

ここでは、バッファーオーバーフロー(BOF)に関する過去の脆弱性の事例を取り上げ、C/C++プログラミングにおけるメモリ領域の仕組みやBOFに関する「メモリ問題」を通して、BOFのセキュリティ上の留意点と対策について解説します。

C/C++プログラミングの基礎知識とセキュリティ上の脅威と脆弱性

バッファーオーバーフロー(BOF)の対象となる脆弱性について概要を説明します。

◆バッファーオーバーフロー(BOF)の脆弱性を用いた攻撃

フォーマットストリングの脆弱性については、少なくとも1999年9月から知られていましたが、2000年6月wu-ftpd2.6.0を対象とする攻撃が発表されて以降、注目を集めるようになりました。そして、2000年夏以降、フォーマットストリングの脆弱性に関するいくつかの攻撃プログラムが公開されました。

現在でも公開アーカイブから、これらのセキュリティホールを確認することができます。主な脆弱性情報を挙げると、次の通りです。

- SecLists.Org Security Mailing List Archive
  「Bugtraq: Exploit for proftpd 1.2.0pre6」
  URL https://seclists.org/bugtraq/1999/Sep/328

- Symantec Connect Security Focus
  「Wu-Ftpd Remote Format String Stack Overwrite Vulnerability」
  URL https://www.securityfocus.com/bid/1387

- US CERT/CC Vulnerability Note VU#29823
  「Format string input validation error in wu-ftpd site_exec() function」
  URL https://www.kb.cert.org/vuls/id/29823

このような脆弱性をもし攻撃者が利用した場合、どのような問題を引き起こすのでしょうか。もちろん攻撃が成功するためにはいくつか前提となる条件もあります。また、攻撃が成功した場合には、不正コマンドの実行によって、処理の異常や機密データの取得や変更、さらには、ユーザー認証の回避や不正プログラムの実行など、プログラム開発者が意図しない処理が行われることがあります。

たとえば、OSコマンドの実行(Command Execution)における脆弱性を利用したセキュリティホールとしては、バッファーオーバーフロー(Buffer Overflow:BOF)やフォーマットストリング攻撃(Format String Attack)、LDAPインジェクション(LDAP Injection)、SQLインジェクション(SQL Injection)やXPathインジェクションが挙げられます。

特に、フォーマットストリング攻撃は、メモリ領域をあふれさせることなく、バッファーオーバーフロー攻撃(スタック破壊攻撃)と類似の被害をおよぼす攻撃としても知られています。

また、OSカーネル部においては、隣接するメモリ領域がどのような状況であるのか、あるいは、不作為なデータがメモリ上にあふれこんだことにより、ヒープオーバーフロー(Heap Overflow)やスタックオーバーフロー(Stack Overflow)が発生する可能性があります。これらの脆弱性に共通する特徴としては、次の点が挙げられます。

- プログラムの異常終了
- サービス妨害(Denial of Service)
- 異常終了
- 権限上昇による情報操作

こうした現象を踏まえ、これらの脆弱性を利用したバッファーオーバーフフローが、どのようなメカニズムにより脅威となるのかについて以降で解説します。

◆バッファーオーバーフロー(BOF)を用いた脅威

たとえば、攻撃者や権限を与えられていないユーザーが、不正な方法でプログラムを実行したり、ファイルを読み書きする行為(無権限利用)や、一般ユーザーでログインしている場合、プログラムの脆弱性や安全性が考慮されていない問題があります。

いわゆるBOFの脆弱性問題は、プログラムが入力データを処理する際に、入力ルーティンであらかじめ準備しているメモリのバッファー領域に、より長いデータを与えることにより、プログラムの誤動作を引き起こさせるセキュリティホールと考えられています。さらに、セキュアプログラミング開発においてBOFが脅威となるのは、サーバー上のプログラムが管理者権限(rootやadministrator)で稼働している場合において、こうしたBOFの脆弱性を悪用することにより、管理者権限が取得され、コンピュータ全体を掌握することが挙げられます。

◆バッファーオーバーフロー(BOF)に関する脆弱性

ここでは、BOFに関する「メモリの問題」について考えてみましょう。

一般的に、プログラムやOSをコンパイル(リンク)した時点では、セクションのアドレスとサイズは決まっており、動作や処理中にセクションのアドレスやサイズが変わることはありません。ところが「ヒープ領域」や「スタック領域」は、プログラム中に一時的に使用するメモリ(記憶域)であるため、通常はRAM上のどこかのセクションの一部に属しています。

「ヒープ領域」は、アプリケーションやOSで動的に割り当て、解放するメモリ上の場所をいいます。プログラムの実行時に利用されるメモリ領域は、その扱いによって処理が異なります。プログラムで一時的に必要になるメモリでは、たとえば、ファイルを読み出すときに読み出したファイル内容を置いたり、ネットワークでデータを送受信する場合にデータを置いたりするときに使います。

「スタック領域」は、コンパイラやOSが自動的に割り当てるため、アプリケーションでは自由に操作できない領域です。たとえば、プログラムが内部的にデータを保存しておく必要がある場合に、スタック領域を使用します。つまり、BOFに関する脆弱性は、こうしたメモリの構造や特徴にも起因しています。

具体的には、「①プログラムのコードや定数などが、プログラミング処理の開始から終了まで割り当てられて、入力の値も変わらない場合」「②大域的な変数や静的な変数など、メモリが開始から終了まで割り当てられるが、その値が動的に変わるかもしれない場合」「③局所変数や動的データ構造の記憶域などの実行に伴い、メモリが割り当てられ処理する場合」です。

これら「BOF」に関する脆弱性は、特に③において、関数に渡すデータが一時的に格納する少量のメモリ(スタック領域)や、必要に応じて自由にデータを使うことのできるる大量のメモリ(ヒープ領域)に攻撃を仕掛けるケースをさし、脆弱性の多くは、スタック領域において発生すると考えられます。

C/C++プログラミングのセキュリティ対策と開発上の留意点

セキュアプログラミング開発においては、先に解説したバッファーオーバーフロー(BOF)に対する対策が施されていても、単一的なセキュリティ対策では十分ではない場合があります。ここでは、具体的なC/C++プログラミングのセキュリティ対策と開発上の留意点について、解説します。

◆バッファーオーバーフロー(BOF)のセキュリティ上の留意点とその対策

そもそもBOFの発生要因は、技術上の問題よりも、むしろ開発者側の単純なミスともいわれています。たとえば、C言語やC++のセキュリティ上の安全性を考慮しない開発プログラマーが、C言語の標準ライブラリで提供される文字列関数がBOFの問題を引き起こす原因であることを知らず、ソフトウェア開発時に用いてしまうケースです。そうした単純ミスを回避するためには、ではどのような点に留意すべきでしょうか。

具体的には、「gets()」(「標準入力から1行分の文字列を取り出す)や「strcpy()」(文字列のコピー)を用いてプログラム処理を行う場合には、許容量以上のデータをバッファー領域に格納しないようにする必要があります。

または、「strcat()」(文字列の連結)や「sprintf()」(文字列書式に従って文字配列に書き込む)などの文字列関数の使用は避け、「bcopy()」(バイト文字列をコピーする)や「fget()」(stream が指すストリームから1行分の文字列を読み取る)といった代替となる関数を用いるといった点が挙げられます。これらはほんの一部の例ですが、実際のプログラム開発時にはこうしたセキュリティ上の安全性を考慮し、その上で脅威につながる脆弱性を低減することが重要なポイントです。

●BOFを引き起こす主な関数の例

関数名	関数の機能	セキュリティ上の留意点
get()	標準入力からユーザ入力データを読み取り、destが指す配列に格納する	格納先のバッファ境界チェックを行わないため、BOFを引き起こす可能性がある
strcpy()	srcが指す配列をNull値も含めてdestが指す配列に格納する	書き込み先のバッファサイズを考慮しないため、BOFを引き起こす可能性がある
strcat()	srcが指す配列をdestが指す配列の末尾に連結して格納する	書き込み先のバッファサイズを考慮しないため、BOFを引き起こす可能性がある
sprintf()	Formatに続く引数をdestが指す配列に格納する	引数のサイズを制限していない場合にはBOFを引き起こす可能性がある
scanf()	標準入力からformatに従って変換し、引数が指すオブジェクトに格納する	引数のサイズを制限していない場合にはBOFを引き起こす可能性がある
fscanf()	ファイルからの入力データをformatに従って変換し、引数が指すオブジェクトに格納する	書き込み先のバッファーサイズを考慮しないためにBOFを引き起こす可能性がある

SECTION-36

Webプログラミング

Web技術の進展に伴い、金融機関のインターネットバンキングが普及する中、特にWebアプリケーションの脆弱性に対する攻撃が、近年ますます増加しています。

ここでは、まずHTTP通信に関する基本技術と安全なWebプログラミングのポイントを取り上げます。次にJavaScript(JScript)プログラミングにおけるWebの仕組みやWebアプリケーションに対する2つの攻撃事例を通して、Webプログラミング上の留意点とセキュリティ対策について解説します。

Webプログラミングの基礎知識とセキュリティ上の留意点

はじめに、Webプログラミングの対象となるHTTPについて解説します。

◆HTTP通信のデータの受け渡し

通常、データの授受は、クライアントとWebサーバー間のHTTP通信により行われます。その際、クライアント側(ブラウザ)からWebサーバー側へデータ(パラメータ)を送信する方法には、2つの方法があります。1つは、GETメソッドといい、もう1つはPOSTメソッドといいます。この仕組みを、次の検索用のWebページで確認してみましょう。

●form検索を用いたデータの受け渡し

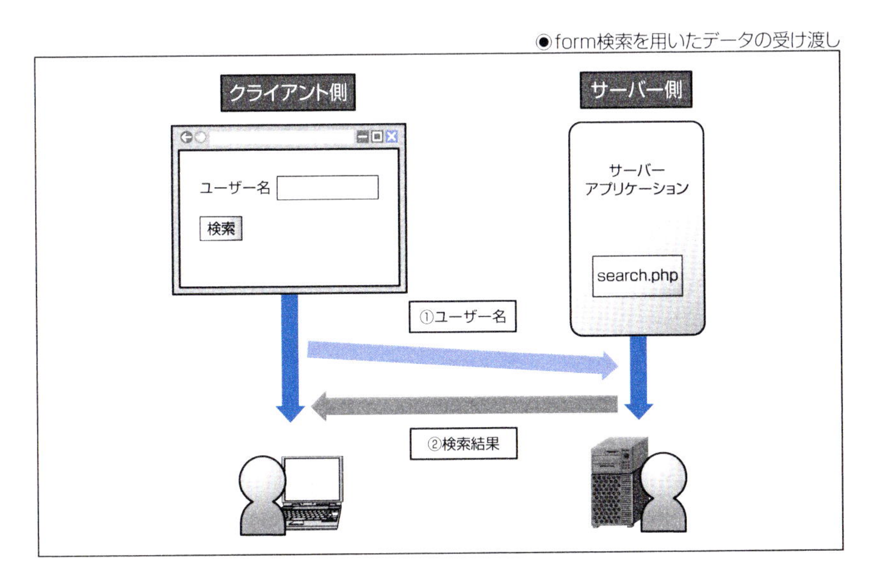

まず、クライアント側では、HTMLで定められているFormタグが用いられます。このタグにより、クライアント側のブラウザから「ユーザー名(username)」として入力した文字列を、Webサーバーにあるファイルへと送信したとします。
次に、送信時にformに用いたHTMLプログラムを見てみましょう。

●HTMLプログラム

```
<html>
<head>
<body>
<form action="search.php" method="get">
        ユーザ名<input type="text" name="username">
        <input type="submit" value="検索">
</form>
</body>
</html>
```

4行目のタグには「method="get"」を指定していることからも、データをGETメソッドにより送信したことがわかります。こうしたGETとPOSTのメソッドには、どちらもデータを受け渡す点では共通していますが、両者の機能には明らかな違いがあります。その違いとは、どのような点にあるのでしょうか。

◆GETとPOSTの違いとセキュリティ上の留意点

どちらのメソッドも共通して、入力フォームのデータをサーバーへリクエストする際に用います。ただし、次の点において、データ送受信の機能が異なります。その特徴とセキュリティ上の留意点について、整理してみましょう。
GETメソッドの特徴は、次の通りです。

- データをリクエストURLの後に付けて送信する。そのため、ログイン画面などでは、IDやパスワードが丸見えになってしまう。
- 第三者がそのURLを見ると、入力したデータがそのまま見ることができる。
- URLの後ろに付与するため、送信の際のデータ量に制限がある。
- GET情報は、HTTPヘッダに含まれるため、容易に取得することができる。

POSTメソッドの特徴は、次の通りです。

- POST情報はformのbody部分に含まれるため、取得が少し難しい。
- テキストやバイナリ形式で送信することができる。

- POSTメソッドで送信の後、ブラウザの「戻る」で遷移すると、有効切れが発生する場合がある。

つまり、GETやPOSTメソッドの使い分けを管理することにより、Webの脅威につながる脆弱性のリスクを低下することが可能となります。また、安全なWebプログラミングを行うためには、次の点にも留意する必要があります[3]。

- ファイルなどのリソース取得が目的の場合は、GETメソッドを利用する。
- Formタグで取得したパラメータをURLで渡す場合は、GETを利用する。
- パラメータをURLで渡さない場合は、POSTメソッドを利用する。

Webプログラミングに存在する脆弱性とセキュリティ上の問題点

Webプログラミングに関するセキュリティ上の問題として、どのような点に留意すべきでしょうか。本題に入る前に、簡単にWebプログラミングの対象となるプログラム言語について解説します。

◆ Webアプリケーションプログラム言語

Webアプリケーションに利用される言語としては、Netscape社(現在のMozilla)が開発をしたJavaScriptとMicrosoft社が開発したJScriptが挙げられます。前者はMozillaやChrome(Google)やSafali(Apple)、そして後者は、Internet Explorer(IE)やMicrosoft .NETにおいてサポートされています。

ECMAScript(エクマスクリプト)は、実際のブラウザ上では機能拡張をしたJavaScriptなどの形で搭載されています。ちなみにECMA(エクマ)とは、European Computer Manufacture Associationの略で、日本語では「欧州コンピュータ製造工業会」を指し、JavaScriptの標準化(ISO/IEC 16262:2011)されたスクリプト言語として知られています[4]。一般的には、JavaScriptと同義に用いられています。

◆ Webプログラミングに存在する脆弱性とセキュリティ上の問題点

そもそも、Webアプリケーションの脆弱性は、BOFにおける開発者側の単純なミスというよりも、Webアプリケーションの持つプログラミングの構造的な問題に起因しています。たとえば、Webブラウザで利用されるECMAScriptは、Webアプリケーションのクライアント側の処理を受け持つスクリプト言語の1つ

[3]:マスタリングTCP/IP情報セキュリティ編、斎藤孝道、オーム社、p208, 2013
[4]:ECMAScript(エクマスクリプト)(https://ja.wikipedia.org/wiki/ECMAScript)

ですが、このクライアントスクリプトは、WebページのHTML文書に埋め込まれるか、あるいは、スクリプトファイルがリンクされる形で提供されています。つまり、動的(ダイナミック)なWebの動きを実現するために、プログラミング構造自体に柔軟性が求められています。

従来はWebブラウザ上でプログラム処理が完結するために、利用できるデータは最初からHTML文書に含まれていたデータや、あるいはユーザーが手動で入力した限定的なデータの授受のみが主流でした。しかしながら現在では、サーバーと非同期通信を行うメソッドを用いてデータを送受信したり、その結果に基づいてHTMLページを書き換える操作が可能となっています。

そのため、プログラムソースの中に悪意あるコードやプログラムの脆弱性が含まれている場合には、Web利用者や開発者が予期しない動作をするセキュリティ上の問題があります。

こうしたWebアプリケーションプログラムには、これらの脆弱性を利用した攻撃手法として、クロスサイトスクリプティング(XSS)やクロスサイトリクエストフォージェリ(CSRF)が挙げられます。

◆クロスサイトスクリプティング(XSS)の仕組み

クロスサイトスクリプティング(Cross Site Scripting)[5]は、「複数のサイトを間に処理されるスクリプトの実行」を意味します。たとえば、攻撃者のサイトから脆弱性のあるサイトに対してリンクを張り、そのリンクに不正なスクリプトやタグを埋め込みます。そのため、もし利用者が攻撃者サイトをクリックした場合、脆弱性のあるサイトを経由して、埋め込まれた不正なスクリプトやタグがWebブラウザへ送信され、実行されてしまいます。

XSS攻撃の特徴は、「攻撃者サイトと脆弱性サイトは直接通信を行わない」「攻撃者サイトが埋め込んだスクリプトやタグを脆弱性サイトに送信し、改ざんされたHTMLをWebブラウザが受け取り、不正スクリプトが実行される」点が挙げられます。

[5]:頭文字はCSSですが、CSS言語と区別するために、XSSと表記されました。

●クロスサイトスクリプティング(XSS)の仕組み

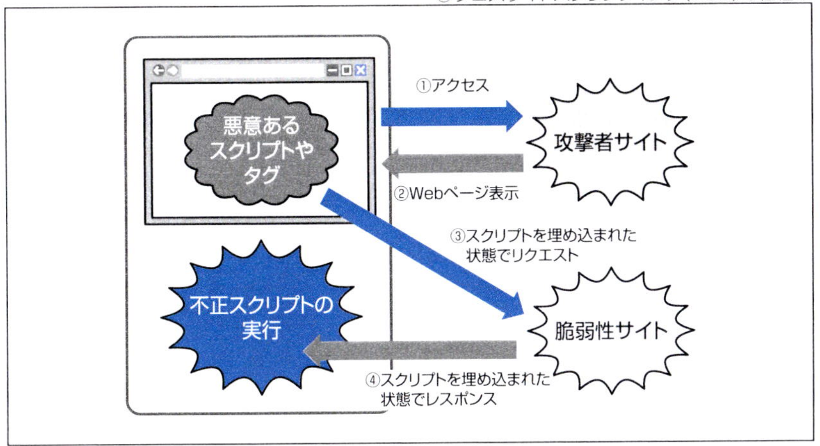

◆クロスサイトリクエストフォージェリ(CSRF)の仕組み

クロスサイトリクエストフォージェリ(Cross Site Request Forgeries)は、標的となるWebアプリケーションのリクエストを不正サイトに仕掛けることにより、攻撃者が不正サイトへアクセスしたユーザーが意図しない操作を、標的となるWebアプリケーションに実行させる攻撃です。

CSRF攻撃の特徴は、ユーザー情報やセッションに関する情報が、HTMLドキュメントの外部において保存されていることを利用する点や、不正サイトにユーザー情報やセッション情報を含めることなく、ログインに必要な標的となるWebアプリケーションに対して、アクセスをすることが挙げられます。

◆Ajax(Web2.0)の仕組みとセキュリティ上の留意点

Webに対する脅威を解説する前に、Ajaxにおけるサーバとクライアントの関係について、まず整理しておきます。

Ajax(Asynchronous JavaScript and XML)は、Asynchronous(非同期)JavaScriptとXMLという構成の通り、JavaScriptによる非同期通信とダイナミックHTMLとXMLを組み合わせたミドルウェアの役割を担っています。システムの特徴を概念的にまとめると、次のように要約することができます。

- JavaScriptによる非同期通信が行われる
- ダイナミックHTMLによるHTMLの部分的な再構成が行われる
- XML文書を返すサーバ側からのアプリケーション処理を実現する

また、Ajaxでは、JavaScriptやXMLのほかに、Webページのスタイルを指定するためのCSS(Cascading Style Sheets:カスケーディングスタイルシート)や、W3Cから勧告されているHTMLやXMLをアプリケーションから利用するためのAPIであるDOM(Document Object Model:ドキュメントオブジェクトモデル)も使われています。

●Ajaxを用いた脅威(Web2.0のセキュリティ)の仕組み

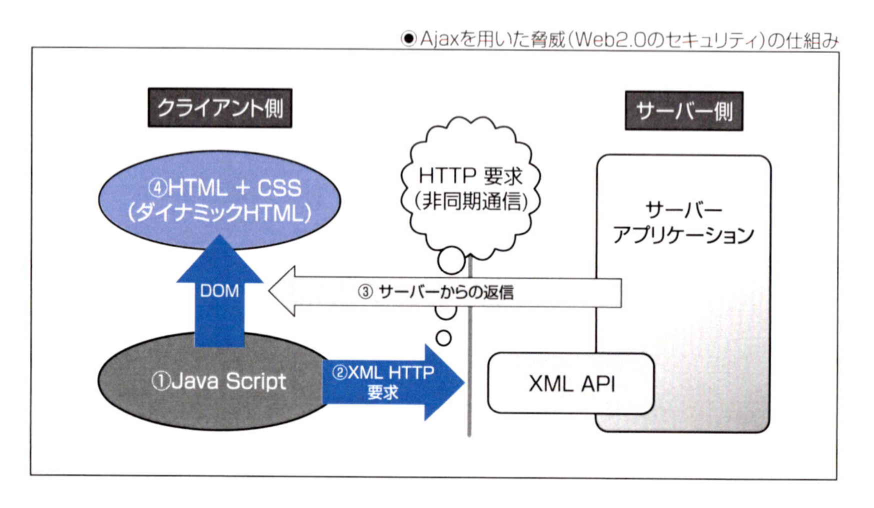

実際のプロセスは、上図の①から④のシステム要求を満たしながら、同時に下記のプロセス処理を行う点に、Webプログラミング上の特徴があります。

1 まずJavaScriptでイベントを生成する。
2 次にXML HTTP要求により、オブジェクトを生成する(サーバへ情報を送信する)。
3 その結果、サーバからの返信を受信する。
4 最後に返信元にHTMLを再送する。

いわばAjaxは、対話型のWebアプリケーションの実装形態として、Webブラウザに実装されている機能を使いながら、Webページのリロードを伴わずに、クライアント側とサーバ側において、データの送受信やアプリケーション処理を行う技術といえるでしょう。

その意味では、Web技術自体は、まったく新しいというわけではなく、従来から利用されているJavaScriptやHTML/XMLといったオープンスタンダードの要素技術を基礎に構成されています。そのため、プログラミング開発においては、基本的なJavaScriptやXMLなどのWebアプリケーションのスクリプト対策を押さえておくことが必要となります。

Web2.0(Ajaxエンジン)への攻撃対策も、その1つです。

たとえば、ローカル側のプログラムと同じような操作性を実現するAjaxエンジンにおいては、非同期通信や動的なHTMLの書き換えなど、セキュリティホール(脆弱性)につながる機能が用いられています。

そのため、Webアプリケーションを開発をする上では、このようなスクリプトに関するセキュリティ対策は、より重要性が増すといっても過言ではありません。

ではこうした要素技術に対して、具体的にどのようなWebセキュリティ対策を行うべきでしょうか。

◆ Ajaxを用いた場合の(Web2.0)セキュリティ対策

Web2.0における過去の事例の1つに、「DOM Based XSS」が挙げられます[6]。DOM Based XSSは、クロスサイトスクリプティング(XSS)と同様、攻撃文字列がHTML上でそのまま表示され、実行される攻撃手法を用いています。ただし、この攻撃手法はWebサーバー側から出力されるHTML文書ではなく、クライアント側で生成されるHTML文書のDOM(Document Object Model)のオブジェクトなどを操作する点に特徴があります。

そのほか、攻撃手法としてよく知られたものとしては「パラメータの付与」があります。たとえば、URLに「<本来のURL>?<変数>=<値>」という形でパラメータを付与すると、そのパラメータで値を代入した変数は、JavaScriptからも参照可能となり、その際、この変数の値をHTML文書にそのまま代入してしまうと、HTML文書の改ざんが成立してしまいます。あるいは、「リンク情報を動的に出力する処理」問題があります。これは、ぼやきを共有する架空の外部サービスに対して、その外部サービスと連携するJavaScriptコードにプログラミング上の問題がある事例です。

[6]:DOM Based XSSに関する脆弱性の届出が急増, IPA, 2013年1月29日
(https://www.ipa.go.jp/about/technicalwatch/20130129.html)

◉リンク情報を動的に出力する処理に問題があるコード

```
<div id="q"></div>
<script>
  var url = decodeURIComponent(location.href);
  var div = document.getElementById('q');
  div.innerHTML = '<a href="http://(ぼやきサービスの提供元)/hoge?url='
                + url
                + '" target="_blank">この記事についてぼやく</a>';
</script>
```

※出典 「DCOM Based XSS」に関するレポート, IPAテクニカルウォッチ, 2013
(https://www.ipa.go.jp/files/000024729.pdf)

この攻撃の特徴は、「http://example.jp/?"><img onerror='alert(document.domain)' src=x></img>」にアクセスした際にスクリプトが実行されてしまうというブラウザの脆弱性[7]が利用されていることです。たとえば、上記の問題コードを実行した結果、直接、URLにアクセスしたため、対象となるブラウザにおいてスクリプトが実行されてしまいます。ではどのようにすれば、このようなDOMに対するセキュリティ対策が有効なのでしょうか。

◆DOM Based XSSの防御対策

まず、DOM Based XSS対策において留意すべきは、攻撃そのものをWebサーバー側で検知して対応することができない点が挙げられます。つまり、攻撃文字列やプログラミング上の処理がクライアント側で動作するために、Webサーバー側では不正な文字列処理や意図しない動作を制御することが困難です。また、識別子を用いる場合には、その部分がサーバー側に送信されないために、攻撃が実行されたことがアクセスログに残らないという問題もあります。

そのため、こうしたWebアプリケーション上のスクリプト対策の1つには、「文脈に応じてエスケープ処理を施すこと(サニタイジング)」が有効な手段です。サニタイジングとは、Webサイトの入力データからHTMLタグやJavaScriptなどを検出し、それらをほかの文字列に置き換える操作をいいます。つまり、入力されたデータを一定のポリシーに従ってチェックを行い、無害な状態に保ちます。

こうした、Webプログラミング上のスクリプトチェックや目の行き届いた基本的な開発上の作業が、Webアプリケーションセキュリティ対策上の開発者の心得として求められています。

[7]:「DCOM Based XSS」に関するレポート, IPAテクニカルウォッチ, 2013
(https://www.ipa.go.jp/files/000024729.pdf)。
Internet Explorer 8/Firefox 17.0.1/Opera 12.11/Internet Explorer 9/Chrome 24.0.1312.56 m/Safari 5.1.7のすべてブラウザでスクリプトが実行されてしまった。

CHAPTER 11 データベースセキュリティ

本章の概要

組織の情報で守らなければいけない情報を棚卸しすると、ファイルサーバーとデータベースにかなりの情報が集約されていることがわかります。そのうち、データベースのセキュリティについて本章で紹介します。

SECTION-37

情報資産の洗い出し

データベースソフトが比較的高価なため、1つのデータベースサーバーにたくさんのデータを格納している企業が多いのではないかと考えられます。そのような状況では、データベースはさまざまなアプリケーションからアクセスされ、さまざまな情報資産をデータベースに格納します。

その中には機密性が高い情報とオープン情報などが混じり合っており、データベースを放置した場合はデータベースにどのような情報資産が格納されていて、それぞれの機密性・完全性・可用性がどの程度のものか誰も把握していない状態になってしまいます。

データベースもほかの情報資産と同様に管理者を立てて、常に情報資産の棚卸をする必要があります。情報資産がどこにあるかわからない状態ではデータベースを守りようがありません。

セキュリティ施策を施すことは、それなりにコストがかかります。たとえば、データベースの暗号化はデータベースのレスポンスを下げる要因になるので、データベースすべてを暗号化したらデータベースのスローレスポンスは避けられません。本当に暗号化が必要な部分だけを守ることが重要です。

ログを監査する場合も一緒です。すべてのログを監査することは不可能です。しかし、重要情報に関するログのみに絞れば監査が可能になります。そのようなことからもデータベースの中の重要度が高い情報を常にわかる状態にしておくことは必要です。

トレーサビリティを確保するためにしばしばデータベースのアクセスログをSQL文まで含めて取ることがありますが、これらのアクセスログにも重要な情報が含まれていることがあります。これらのログファイルも含めて棚卸をすることを推奨します。

SECTION-38

リスクの洗い出し

データベースに対するリスクはほかのものと同様にあります。ただし、特殊なのは、データベースそのものに直接アクセスする方法と、アプリケーションを通してデータベースにアクセスする方法の2通りがあることです。リスクもこの2つによって違うため、両方のリスクを洗い出します。

問題をデータベースのみに絞るため、データベースサーバーのOSは要塞化されて脆弱性のない状態になっており、ネットワークにはファイアウォールで守られている(外部からのデータベースへの直接アクセスはない)ことを前提とします。

アプリケーションからアクセスする場合のリスク

アプリケーションにはWebアプリのようなものとクライアントサーバーアプリなどがありますが、その両方のリスクは次の通りです。

- データベースサーバーとの通信の盗聴
- SQLインジェクションに代表されるアプリケーションの脆弱性を利用した攻撃
- アプリケーションIDの盗用による不正アクセス
- アプリ利用者の内部不正
- アプリの利用者端末のマルウェア感染

データベースに直接アクセスする場合のリスク

データベースに直接アクセスする方法には、データベースサーバーへログインしてターミナルモードで操作する方法と管理ツールを使った方法などが考えられます。直接アクセスする方法のリスクは次の通りです。

- 管理者/運用者の内部不正によるデータベースアクセス
- 管理者/運用者端末のマルウェア感染
- 管理者/運用者によるバックアップファイルなどの持ち出し
- 管理者/運用者のオペレーションミスによるデータベース破壊(ハードディスクの抹消を含む)

共通の問題

データベースへのアクセスとは別に、データベースファイル自体やそれが保存されたディスク装置に関する次のようなリスクも考えられます。

- ハードウェア故障によるデータベース破壊
- 災害によるデータベース破壊
- 攻撃者によるデータベース破壊

SECTION-39

データベースのセキュリティ対策

データベースに対するセキュリティ対策は概ね今までの章で挙げられた対策と重複しますが、データベースに対してのみの対策もいくつかあるので、今までの復習も含めて取り上げます。

アプリケーションセキュリティ

アプリケーションセキュリティ(CHAPTER 09参照)について、データベースとして特に気を付けなければいけないのは、次の点です。

- SQLインジェクション
- 特に2000年よりも前に作られたクライアントサーバーアプリではスニッフィングでデータベースユーザーIDとパスワードが簡単に盗めるものがある。通信を暗号化するように修正することが望まれる。

データベースサーバーの防御

サーバーの防御(CHAPTER 06参照)について、データベースとして特に気を付けなければいけないのは、次の点です。

- DBMS(DataBase Management System=データベース管理システム)の構成で、必要のないデータベース機能はインストールしないことが必要。リスクが増え、監査を複雑にし、パッチを当てる回数も増大して、百害あって一利もないため。
- DBMSのバージョンは最新のものほど安全。また、パッチも最新のものに適用することが望まれる。ただし、DBMSのバージョンアップはアプリケーションの動作確認工数が莫大になることから簡単に行えないことも事実なため、代替の管理策も含めて検討する必要がある。
- 管理者アカウントや通信ポートなどデフォルト値を利用せず、独自のものに変更することが望まれる。

運用に関するセキュリティ

運用者のオペレーションミスはデータベースに大きな被害をもたらします。特にストレージ管理者の権限は強く、データベースのアクセス権とは別次元で権限が管理されているため、見落とされがちです。

廃止アプリケーションのディスクを棚卸しする場合は、必ず削除対象のレビューを行い、2人以上で操作することを推奨します。

また、運用目的でデータベースに対してアプリケーションを介さずに操作を行う場合は、作業申請を出し、承認をした上で作業を行います。作業終了後は必ず操作履歴のレビューを行い、作業申請の内容と一致するかを監査します。トラブルが発生して緊急で作業を行った場合も必ず事後に申請を出します。機密情報があるデータベースでは作業を行う場所もメディア(スマートフォンを含む)を持ち込めない部屋で行い、運用者の内部不正によるデータの持ち出しを防止します。

可用性の確保

可用性の確保については、概ねCHAPTER 14と重複するので省略します。

アカウント管理とアクセス制御

ここでは、アプリケーションを介さない、人間が介在するデータベースアクセスのアカウント管理について記します。データベースもアプリケーションと同様に最少権限にすることが必要で、それは人(管理者/運用者)が使うデータベースアカウントもアプリケーションが使うデータベースアカウントも共通です。そのほかにはトレーサビリティを確保するために人間が使うアカウントは必ず個人に対して一意であることが必要です。また、アプリ用のアカウントは人が介在する管理アクセスには使えないようにすることが必要です。

データベースのリスクの中に特権管理者によるリスクがありました。特権管理者はデータベースのアクセスもデータベースのログやデータベースのバックアップファイルにもアクセスできます。このアクセスを検知するための大前提として、彼らが使うアカウントを特定できることが必要だからです。

ログ監査

ログ監査はアカウンタビリティの確保と不正の検知の両側面から行う必要があります。アカウンタビリティでは「いつ、誰が、どこから、どのデータを、どのようにアクセスしたのか」を知ることが重要です。一方、不正検知は不正の兆候となるパターンをあらかじめ特定し、ログの中にそのパターンに合致するものがあったときに検知するものです。

データベースのログはアプリケーションからのアクセスとデータベースの管理アクセスの両方を調べる必要があります。アプリケーションのログはアプリケーションがデータベースにアクセスした日時、ソースIP、操作内容とそれを操作していたユーザーを記録します。

アプリケーションの異常な操作はアプリケーションによって違いますが、異常なアクセス数や休日夜間のアクセスなどは検知することが望まれます。連続したアプリケーションのログイン失敗がないかも監視します。

データベースの管理アクセスはデータベースやOSのログから取得します。個人情報やクレジットカード情報などが記録されているデータベースは特に詳細な監査ログを取得します。

作業申請が出ていない日に作業者のアカウントからアクセスがないかとか作業申請とは違ったデータベースアクセスを行っていないかを監査し内部不正がないことを確認します。また、データベースサーバーに対する連続したログイン失敗もアプリケーションと同様に監視します。

データベースに対する操作をトレースする場合、後述するデータベースファイアウォールが導入されていない環境では最終的なSQL文までデータベースの監査ログとして取得しないと「いつ、誰が、どこから、どのデータを、どのようにアクセスしたのか」をトレースすることはできません。このログを取得するとデータベースサーバーのレスポンスは低下するため、データベースサーバーのサイジングを行う際にあらかじめ考慮しておくことが必要です。データベースファイアウォールを導入する際は、データベースファイアウォールで監査ログを取得することが可能になるため、データベースサーバーへの負担は減ります。

アプリケーションからのアクセス

ユーザーがアプリケーションを通じてデータベースに間接的にアクセスするもので、アプリケーションごとに同じデータベースのユーザーアカウントを使うため、データベースのLOGからは「いつ、誰が、どのようなデータにアクセスしたか」を知ることはできません。

アプリケーションのLOGで特定できる場合はそのLOGを取得できますが、アプリケーションの作りによってはアクセスした人を特定できるLOGを取得する仕組み自体がない場合も考えられ、そのような場合はアプリケーション自体に修正を加える必要があります。

アプリケーションLOGを取得

データベースに対するダイレクトアクセス

データベースに対してSQLで直接、問い合わせを行い、アクセスする方法で、外部からアクセスツールを使ってアクセスする場合と、サーバーにログインしてコマンドベースでアクセスする場合の2つの方法でアクセスされます。

通常はアプリケーションとは別のアカウントでアクセスされるため、データベースの監査LOGを取得する場合にダイレクトアクセスするユーザーアカウントのLOGだけを出力する設定にします。

誰かを特定するためにはユーザーごとにアカウント設定されていることが必要です。

データベースのLOGを取得

データベースの暗号化

前述しましたが、データベースの暗号化にはコストがかかります。したがって、必要最低限の暗号化にとどめる必要があります。しかもデータベースの暗号化はアプリケーション開発者からも抵抗を受けます。クレジットカードシステムにおけるクレジットカード番号(PAN)、個人情報における氏名、マイナンバーシステムにおけるマイナンバーは暗号化すべき重要情報ですが、アプリケーション内では検索項目としてインデックス・キーになっていることが多いからです。暗号化製品によっては、それを暗号化することでアプリに大きな改修が必要であったり、アプリケーションの性能が大幅に劣化したりすることをあらかじめ考慮する必要があります。

一方、暗号化のメリットはデータベースファイルそのものやデータベースのログの中の重要情報、データベースのバックアップファイルの中の重要情報が暗号化されるメリットがあります。リスクが減ることで監視するログも減少し、セキュリティ運用にかかるコストも減少します。

マルウェア対策

アプリケーションユーザーやデータベース管理者、運用者のPC、ファイアウォール内にあって直接、データベースサーバーと通信できるPCなどがマルウェアに感染した場合はデータベースに対して不正にアクセスするリスクがあります。

マルウェア対策についてはCHAPTER 05、CHAPTRER 07をご参照ください。

データベースファイアウォール

データベースファイアウォールには「いつ、誰が、どこから、どのデータを、どのようにアクセスしたのか」というようなログを取得する機能と、不正なアクセスを検知して場合によっては通信を遮断する機能があります。

この場合、アプリケーションからのアクセスはアプリケーションのユーザーまでは特定できませんが、製品によってはWAFとの組み合わせでWebアプリに限って送信元IPアドレスまで特定できる製品もあるようです。

データベースファイアウォールはネットワークのように許可する問い合わせと許可しない問い合わせを定義します。定義はSQL、ユーザー、オブジェクト、日時/曜日、アクセス元、アプリケーションなどの要素を組み合わせて記述します。

データベースファイアウォールはデータベースサーバーのレスポンスを低下させるため嫌われてきましたが、一部の製品はデータベースサーバーではなくネットワーク上でパケットをキャプチャーして動作するなど、データベースサーバーに負荷をかけないものもあります。しかし、この方式のみだとデータベースサーバーにログインして行った操作が取れないため、データベースサーバーにエージェントをインストールし、ネットワークキャプチャーで取得できない部分を補完します。あくまでも補完の部分のみが動作するのでさほど負荷はかからないようです。

監査ログをデータベースで出力してログ監視サーバーで検知するか、データベースファイアウォールを使うかは予算が大きく影響しますが、異常なSQLを遮断できる面ではデータベースファイアウォールに分があるようです。

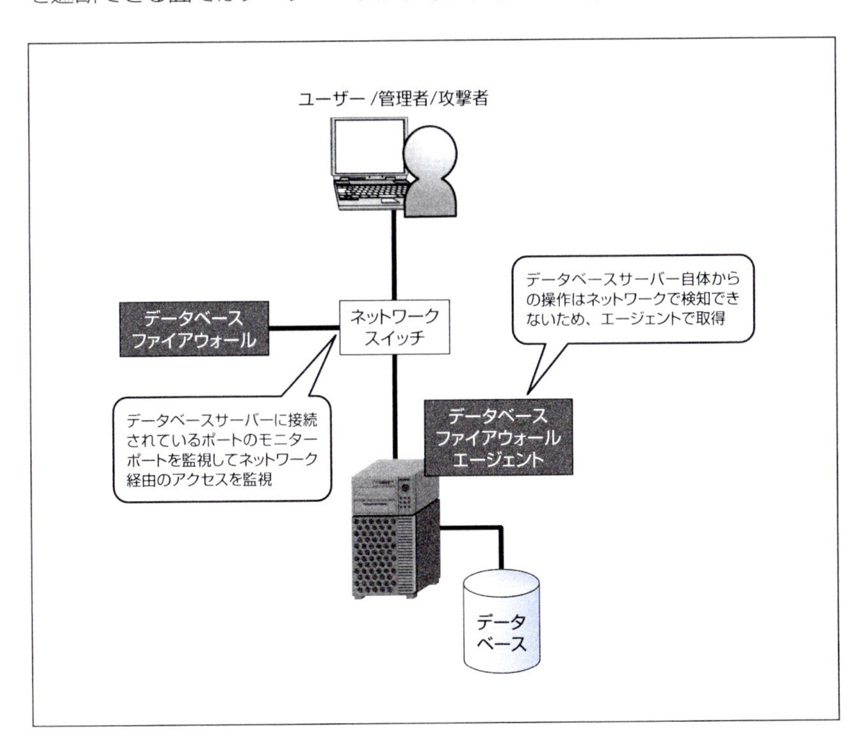

CHAPTER 12
ITに関係する物理セキュリティ

本章の概要

ITセキュリティと物理セキュリティは密接に関係していますが、物理セキュリティの範囲は広く、とても本章で語り尽くせるものではありません。そこで、特にITセキュリティに近い部分の物理セキュリティに絞って紹介します。

SECTION-40

物理的アクセス制御の必要性

部屋の入退出管理、ビルの入退館、場合によっては建屋がある敷地を含めて出入りする人を管理する必要があります。攻撃者は必ずしもネットワーク経由で入ってくるわけではないからです。たとえば、米国の大手スーパーで起きた大規模な顧客データの漏えい事件は、ITのセキュリティ事故でもありますが、最初は店舗のPOS端末からマルウェアを投入されたことが原因だとも考えられています。POS端末は店舗の売場というオープンスペースの近くに設置されていますが、クレジットカード情報も扱う極めて重要な端末です。このようなネットワーク上の端末を物理的に守ることの重要性を再認識させられる事件でもありました。

SECTION-41

物理的アクセス制御で守るもの

CHAPTER 01でも述べましたが、セキュリティで最も重要なものは守るものを明確にすることです。ITに関するものというとデータセンターのサーバーだと思われがちなのですが、前述のスーパーの例でもわかるように、それだけとはいえません。以下にITセキュリティを守るために重要だと考えられるものを挙げてみました。

機密データ

ITセキュリティで最終的に守らなければならないものは機密データです。それは製造業であれば未発表の新製品の設計図面であったり、新製品の企画資料だったりします。流通業であれば顧客データ、特にクレジットカード情報を自社で保管している場合は最重要な機密情報になります。これらは一般的にデータセンターのサーバーのディスクに記録されています。

重要なシステム

重要なシステムとは主に組織が活動していく上で必要不可欠なシステムです。テレビ局の放送システム、電力会社や水道局、ガス会社など社会インフラを担う会社の制御システム、鉄道や航空会社の管制システム、製造業の産業システムをはじめ、中規模以上の組織には必ず止まると業務ができなくなるシステムがあります。これらのシステムの大半はデータセンターにありますが、一部は製造現場などにあると考えられます。

データセンター

たくさんのサーバーが設置されているデータセンターは機密データと重要システムが保管されています。したがって、データセンターが破壊されたり、そこに攻撃者が入り込んだりすると組織の存続が危ぶまれるほどの被害が想定できます。

メディアおよびその保管庫

バーチャルテープなどの登場でサーバーのバックアップをテープに取得することが以前より減りましたが、現在でも遠隔保管用にテープやDVDなどにバックアップを取ることはあると思います。これらのメディアはサーバーや中にあるハードディスクよりも簡単に盗むことが可能なため、物理的な盗難から守る必要があります。

ネットワーク

ネットワークは物理的に守る必要があります。特に大きな敷地に複数の建屋がある工場では、敷地内の配線溝に無造作にネットワーク配線が敷設されている例もあります。これらの配線を守るためには敷地自体に攻撃者が入れないように管理していく必要があります。

電力

データセンターの電力が切れたとしても機密情報が漏えいするわけではありませんが、可用性もセキュリティだとすると電力の供給は重要な要素となります。

端末

端末は機密データや重要なシステムとネットワークで接続されています。どんなにファイアウォールで守ったとしても、正規にアクセスするための端末が物理的に守られていなければ、その端末からはネットワーク的には簡単にアクセスできてしまうことを忘れてはいけません。端末は必ずしもパソコンとは限りません。POS端末なども含めて考える必要があります。

データの入力場所や紙情報

端末で作業する場所では機密データを入力したり、それを検索して画面表示させたり、その入力原本(紙)やプリントアウトした結果などもあります。これらがアクセス権のない人の目に触れることがあってはならないことはもちろんのこと、この作業場所にある重要情報が悪意のある従業員に持ち出されることがあってはなりません。

SECTION-42

物理的アクセス制御の対象となる脅威とリスク

物理的脅威は人為的脅威と環境的脅威に分かれますが、その中のアクセス制御できるものは人的脅威で、次に挙げるようなものがあります。

組織外の人の侵入

データセンター内、社内の執務エリア、工場や施設の重要なエリア、敷地内、店舗の会計端末が置かれているエリアにアクセス権のない人が悪意を持って侵入する脅威があります。その結果、データや重要機密情報を盗んだり、物理的/電子的に破壊したり、内部ネットワークに標的型のマルウェアを持ち込んだり、ショルダーハックやトラッシングを行ったり、盗聴器や盗撮機を設置したりするリスクがあります。

組織内の人の内部犯行

組織内の人が金銭目的や組織への報復などを目的に、組織内から機密情報を盗むリスクがあります。

SECTION-43

物理的アクセス制御の実装方法

137ページで述べたように、アクセス制御にはDAC、MAC、RBACなどがあります。物理的アクセス制御は基本的にはMAC(強制アクセス制御)で行うことが多かったようですが、最近ではRBACで行うことが多いようです。

最初にセキュリティエリアを決定し、次にセキュリティレベルに応じてエリア内をゾーニングします。このときに、セキュリティレベルが高いゾーンの中にセキュリティレベルの低いゾーンを作っても、物理的セキュリティの場合はセキュリティレベルの高いゾーンを通過することができないため、無意味になります。したがって、MACのように、セキュリティレベルの低いゾーンの中にセキュリティレベルの高いゾーンを入れていくわけです。

データセンターを例に考えてみましょう。エントランスはレベル1、セキュリティゲートをくぐった場所および休憩エリアはレベル2、サーバーラックが設置されている部屋がレベル3、サーバーラックの中がレベル4、空調や電源などデータセンターのスタッフしか入れないエリアがレベル5、ライブラリ保管庫のように、ごく一部の人しか入室できない部分がレベル6というように設計します。

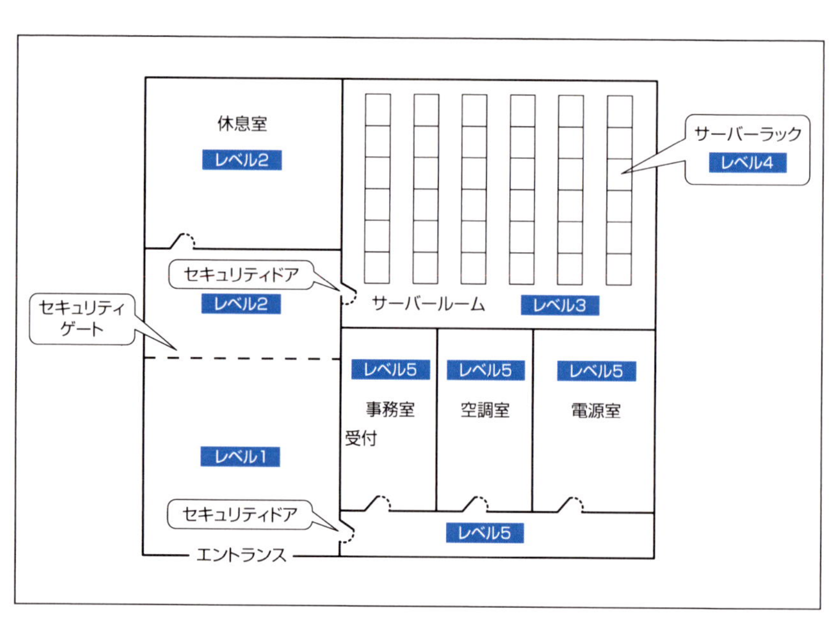

前ページの場合はMACでアクセス制御が可能なのですが、この方法を自社ビルにデータセンターがあるビルの物理的セキュリティに当てはめると無理が出てきます。システム部門の人はデータセンターに入れますが、社長室には入れません。逆に社長秘書は社長室には入れますが、データセンターには入れません。この場合、社長室とデータセンターのどちらかのセキュリティレベルが高いわけではないのでMACではなくRBACで設計する必要があります。

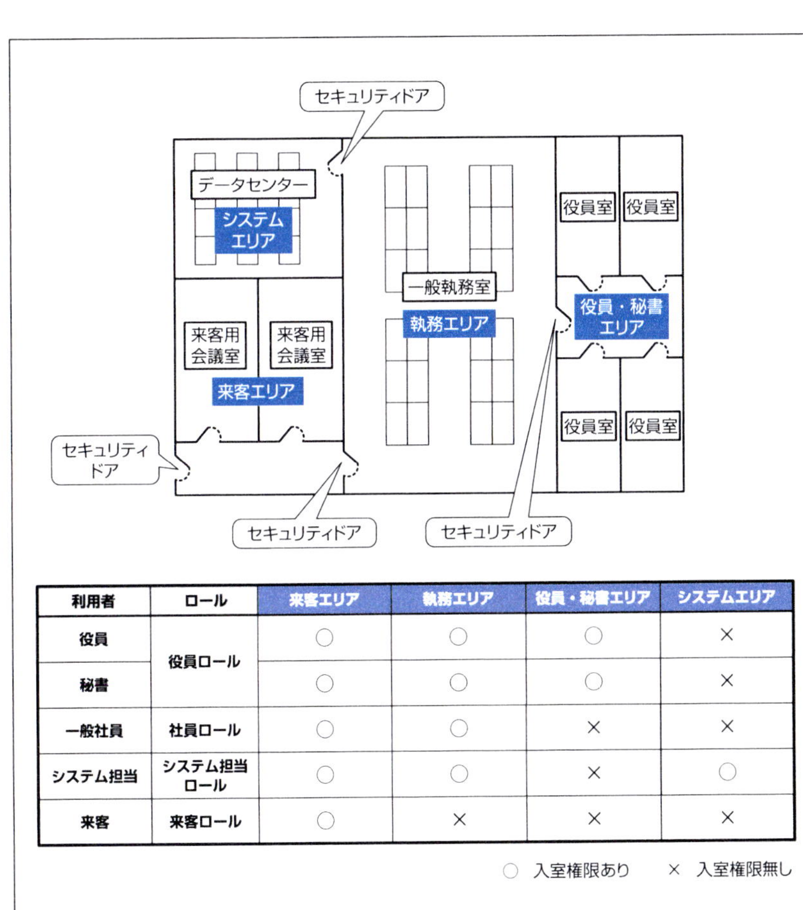

利用者	ロール	来客エリア	執務エリア	役員・秘書エリア	システムエリア
役員	役員ロール	○	○	○	×
秘書		○	○	○	×
一般社員	社員ロール	○	○	×	×
システム担当	システム担当ロール	○	○	×	○
来客	来客ロール	○	×	×	×

○ 入室権限あり　× 入室権限無し

物理的アクセス制御ソリューション

セキュリティエリアをレベル分けしてゾーニングしただけではアクセス制御になりません。各セキュリティゾーンに権利のある人だけが入れるように制御する必要があります。それらを実現するソリューションについて簡単に説明します。

物理錠

いわゆる鍵です。鍵は完全に侵入を防げるソリューションではありません。しかし、ある一定の性能のものであれば侵入の時間稼ぎをしてくれます。シリンダー錠はテンションレンチとピッキングレンチを使うとおおよそ30秒前後で開けられるといわれています。ディンプル錠はピッキングでは開きませんが、古いものだとバンピングという手法で開けられます。バンピングはバンプキーというキーの尖端だけを鍵穴に刺し、鍵にテンションをかけながらハンマーでキーを叩いて開錠する方法で、成功するとピッキングよりも短時間で開いてしまいます。したがって物理錠はそれらの開錠手法の対策が施されたものや電子的なものが組み合わされた物理錠を使うと最も長く時間を稼いでくれます。ただ、忘れてはいけないのは時間をかければいずれ破られてしまうことです。

物理錠の場合は集中管理をして鍵の貸出記録を取ることで、誰がいつ入場したかを記録できますが、大勢の人が入る場所での記録は取れません。

ICカード+電子錠

日本の中規模以上の会社で多く使われているソリューションです。ピッキングやバンピングはできませんが、物理破壊は可能なのでやはり時間稼ぎのソリューションです。ICカードはカードリーダーが入退室管理システムとつながっていて、そのカードに開錠する権利があれば、カードリーダーの近くにあるドアの電子錠を開けるという仕組みです。入退室管理システムはRBACでアクセス制御をするものが多いようです。ここで問題になるのがカードに開錠する権利があればカードの持ち主でなくても開いてしまうところです。カードを紛失したら、紛失したカードをブラックリストに登録して、新しいものを発行する必要があります。

セキュリティゲート

ICカードとセキュリティゲートを組み合わせて電車の改札のような入口を作ってアクセス制御を行うソリューションです。通常は建屋のロビーからエレベーターホールというようなオープンスペースとレベル1のセキュリティゾーンの境界に設置されます。ゲートの上は簡単に飛び越えられるため、警備員による有人監視とセットで初めて機能します。

マントラップ

セキュリティゾーンの手前に前室を設け、前室に入る境界と前室からセキュリティゾーンに入る境界に2つの自動ドアを設置します。この前室の2枚の扉は同時に開くことはなく、また2人以上が前室に入った場合はセンサーで人数を検知して、セキュリティゾーン側が開かなくなっています。

このため、1人ずつ前室に入り、前室からセキュリティゾーンに1人目が入って2枚目の扉が閉じてから、2人目が入れる仕組みになっています。主にデータセンターのサーバールームに設置されています。

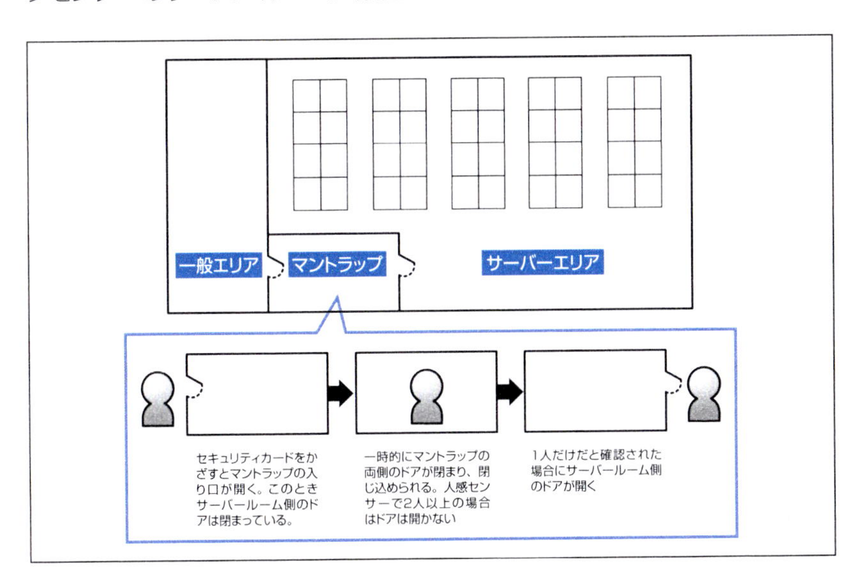

生体認証

指紋認証、静脈認証、光彩認証などが生体認証に分類されます、通常は前記のICカードと併用されます。カードの持ち主が確実に本人かを確認してから開錠します。

センサー

人感センサー、振動センサーなどたくさんの種類があります。人がいないはずのところに人が近づくと検知したり、物理錠を物理破壊するのを検知したり、窓ガラスなどを割ってセキュリティゾーンへ侵入するのを検知したりします。鍵だけでは時間稼ぎしかできないため、このようなソリューションと組み合わせて防御します。

監視カメラ

監視カメラと画像を記録する管理システムで動作します。最近では画像認識システムや顔認識技術が向上しているため、人が近づくのに気付いたり、日ごろから侵入の下見をしている人の顔を覚えて、その人が近づくのを検知したりできます。画像解像度も年々向上しており、最近では暗闇でも高解像度カラーで録画できる機器も出てきており、今後の進歩が楽しみな分野です。

監視カメラには記録してトレースする機能と監視機能のほかにも抑止効果があります。カメラの前では悪いことはできないからです。

ガードマン（警備員）

どんなにセンサーが働いても、鍵が壊されたことを検知しても最終的にはガードマンが駆け付けなければ物理的セキュリティは守れません。建物の規模やリスクの高さに応じた適切な人数を配置する必要があります。

シュレッダーや秘密文書回収箱

セキュリティゾーン間を移動するときに注意が必要なのは人間だけではありません。秘密文書をそのまま廃棄してしまったら秘密情報は漏えいしてしまいます。秘密文書を扱う場所には必ずシュレッダーか秘密文書回収箱が必要です。

そのほか

内部犯行による物理的持ち出しや持ち込みを制御する場合は、秘密文書を扱うセキュリティゾーンへの物の持ち込みを厳しく制限する場合があります。セキュリティゲートの外にロッカーを置き、そこにバッグやスマートフォンなどをすべて置いてから入場します。PCI DSSや金融、個人情報を大量に扱う業務を行っている企業では、そのような物理セキュリティを組み合わせることがあります。

CHAPTER 13 情報セキュリティ運用の基礎知識

本章の概要

本章では、セキュリティ運用に必要な基礎知識として、まず「ログ運用」と「イベント管理」について説明します。次に、サーバーや監視機器や端末から出力されるログやイベントを、一元的かつ効率的に収集し分析を行うSIEM(セキュリティイベント管理)について解説します。また、SIEM導入以外にも、ログ運用やイベント管理をマネージドセキュリティサービス(MSS)やSOC(Security Operation Center)に委託する組織も増えてきています。そこで、実際のSOCにおいてログ運用やイベント管理業務が、どのように行われているのかを概観し、最後に、これらログ分析やインシデント対応に従事する「セキュリティアナリスト」や「CSIRT」を通じ、セキュリティ運用を解説します。

SECTION-45

ログ運用とイベント管理とは

なぜログやイベントログを取得・管理し、分析を行う必要があるでしょうか。

ログとは、「情報システムやネットワークに対するアクセスや活動状況の記録」ということができます。たとえば、インシデントが発生した際に、これらの記録を確実に証拠(evidence)とすることにより、責任追跡性(accountability)を確保することが可能となります。

また、ログ管理を行うことにより、攻撃者からのサイバー攻撃を未然に防止するための対策の手がかりや、あるいは攻撃に備えてインシデント対応を検討するためのきっかけを見つけることができるようになります。ログ管理の運用には、大きく3つのメリットがあります。

- 統計的な分析によりログ履歴の内容がより明らかになる(データマイニング)
- 特定IPアドレスからどのような通信が過去に発生した履歴がわかる
- 攻撃の元となる発信元や送信先の情報や通信内容がわかる

こうしたメリット以外にも、最近ではログを、インシデントを事前に予兆するための分析に利用したり、あるいは、攻撃者の攻撃手法を知る手がかりにも用いられています。これに対して、イベントとは、「コンピュータで起こった重要なイベント(事象)を記録」したものをいいます。この記録を元に、システム管理者は、インシデント時の原因や結果について、ログと同様、特定を行うことが可能となります。

さらにログと照合した場合には、委託先のシステム運用の状況を把握し、ユーザーが実行した処理を確認することができます。つまり、ログ運用とイベント管理を合わせ持つことにより、より正確なセキュリティ運用を行うことが可能となります。

セキュリティ運用における必要なログとイベントとは

実際に、ログ運用やイベント管理のために必要なログとは何でしょうか。ログ分析に必要なログの種類としては、次のログが挙げられます。

●セキュリティ運用における必要なログの種類

ログの種類	説明
システムログ	出力元はOS。出力のタイミングは、ログイン、ログアウト時、あるいはプロセス起動、停止のとき
イベントログ	検知などによりイベントが発生したとき
運用ログ	コマンドを実行した場合や操作ミスをしたとき
通信ログ	通信機器やデバイスへ接続したとき
監査ログ	ウイルススキャンやパケットスキャンを行ったとき
アクセスログ	リソースがアクセスを受けたとき
アプリケーションログ	ログイン、ログアウト時、あるいはデータ更新のとき

また、ログを取得するには、主に「ログ取得」「ログ選択」「ログ分析(解析)」の3つの作業が必要となります。

◆ログ取得

コンピュータ上でログの管理を行うためには、ログを取得する必要があります。この出力する動作のことを、ロギング(Logging)といいます。

◆ログ選択

ログには、さまざまな情報が記録されています。ロギングにより、これらのログをすべて監視することは、現実的には困難です。そのため、組織においてはログ管理ポリシーに応じて、監視するログを選択する必要があります。

◆ログ分析(解析)

収集したログを選択した結果、システム管理者やセキュリティアナリストは、商用のログ解析ツールなどを利用して、取得したログを分析(解析)し、攻撃からシステムを守るための、具体的な対策を検討する必要があります。

SIEM(Security Information Event Management)とは

最近では、商用ツールを用いて、ログとイベントの管理を一元的に行うことが一般的になりました。セキュリティ情報イベント管理(SIEM)とは、さまざまな監視機器や端末から出力されるログやイベントを効率的に一元的に収集し、その記録内容から情報を分析する方法、または管理手法のこといいます。

特に、インシデントの検知について、迅速かつ正確に行う目的のために、専用ソフトを利用することがあります。こうしたソフトウェアは、「SIEM」とも呼ばれ、ログやイベントの相関分析(Correlation)を行います。

ログの相関分析の効果とは

ログの相関分析の効果には、どのようなメリットがあるのでしょうか。

ひとことでいえば、ログの内容には、たとえば攻撃者の残した痕跡や、攻撃のための調査活動を知る手がかりなど、今後のインシデントの予防対策につながるヒントが残されているケースがあります。また、ファイアウォールやIDSだけの単一デバイスからのログのみでは、新たな攻撃手法や複数の場所や複雑な攻撃パターンによる早期的な発見や検知が難しいため、大量のログを収集する必要があります。こうしたログ活用にも相関分析が用いられています。ログにおける相関分析の効果には、いくつかのメリットがあります。

◆ 攻撃情報の集約(Aggregation)

ログやイベントの自動化や機械化に伴う確実な攻撃の検知と記録が可能になります。

◆ 複数ログの正規化(Normalization)

ログデータからパターン分析を行い、検知の確実性を向上するとともに、未知の脅威に対する検討を行うことが可能になります。

◆ 複数ログの相関分析による予知分析(Correlation)

自動的に集約した結果を、セキュリティアナリストや脅威分析者により脅威の判断や格付けを行うことが可能になります。

◆ そのほかのメリット

また、上記以外にも、次のようなメリットが考えられます。

- リソースに発生する不正や異常を早期に検知し、被害を最小限に抑制する措置を講じることができる。
- 情報システムに対する監査性を確保し、情報システム監査の目的であるITガバナンスや内部統制を実現することができる。
- 情報システムに対する安全性の点検や評価を行うため、監査証跡(エビデンス)を確保し、不正アクセスの証拠の保全ができる。

監視機能（モニタリング）とは

これまでは、ログ運用やイベント管理を中心に、相関分析の効果やメリットについて検討しました。より詳細な分析のために、具体的にはどのような情報が必要でしょうか。ここでは、ログ運用やイベント管理に欠かせない監視機能とログ分析に必要なフォレンジック調査について整理します。

監視（モニタリング）とは、ファイアウォールで許可あるいは拒否した通信内容に関する記録（ログ）を取得し、表示する機能です。この機能を用いるための対策として、「ファイアウォール」や「侵入検知機器（IDS）」が導入されています。これら監視機能の主な目的としては、「ログ収集」「ログ解析」「稼働監視」「侵入検知」があります。一方、監視結果より得られたログ収集と解析は、不正アクセスが行われていないかどうかや、あるいは不正アクセスが行われた場合に、どのような攻撃方法やパターンによって行われたかを把握することができる重要な機能です。

実際に不正アクセス調査や相関分析に必要な情報は、次の通りですが、たとえば、攻撃パターンや影響度を調べるためには必要に応じ、手がかりとなる情報をログやイベントから入手する場合もあります。また、事象に応じて、脆弱性の対策情報を入手する必要があります。

●セキュリティ運用における必要なログの情報

情報	説明
IPアドレス（送信元、送信先）	不正アクセスや攻撃がどこからどこへ発生したのかを知る手がかりとなる
ポート番号	不正アクセスや攻撃がどのポートに対して発生したのかを知る手がかりとなる
通信時間	不正アクセスや攻撃がどの程度行われたのかを知る手がかりとなる
アクセス回数	不正アクセスや攻撃がどの程度の頻度で行われたのかを知る手がかりとなる。これ以外にも、監視や侵入検知をする方法がある
成功／失敗	通信がACCEPTされたかDENYされたか。アクセスを認めていない通信があったかを知ることができる

フォレンジック(Forensic)調査とは

ログやイベントを収集して、なぜ証拠保全を行う必要があるのでしょうか。インシデントに応じて状況を確認し、必要な情報を入手する方法として、フォレンジック調査があります。

フォレンジックとは、不正アクセスやサイバー攻撃が行われた際に、その原因や事象を究明するために、対象となる機材から収集したデータやログを分析して、証拠として立証するための科学的な調査方法をいいますが、通常、分析・調査の手順としては、次の3つのプロセスで行います。

1. 証拠の保全………インシデントが発生した時点の環境や状態の確保を行います。
2. 証拠の分析………プロセス情報、メモリやディスク内容、ユーザーの利用ログなど、インシデントが発生した時点のシステム状況を確認できるものすべてをイメージキャプチャーやツールを用いて分析・解析を行います。
3. 報告書の作成……一連の作業記録や法的な証拠やデータ取得から証拠保全作業までを記録し、役員への報告や立件の資料として作成します。

◆証拠の連鎖(Chain of Custody)

フォレンジック調査の過程で確保された証拠には、証拠の連鎖(証拠保管の連続性)と明確な文書化が必要となります。具体的には、どこで、いつ、誰によって証拠が発見・収集されたのか、あるいは、誰が証拠の保管者となり、その期間はいつまでに、かつどのように保存されたのかを記録します。

SECTION-46

セキュリティオペレーションセンター(SOC)

なぜセキュリティ運用や監視業務を行う必要があるのでしょうか。

ログやイベントの監視の代表的な商用サービスとしては、24時間365日監視を請け負う監視サービス(MSS)やセキュリティオペレーションセンター(SOC)があります。商用ビジネスとしては、特に新しいサービスではありませんが、最近ではSOCを自社において構築する動きがある中で、サイバーセキュリティ対策として、近年よりニーズが高まっています。

企業向けの監視サービスにおいては、ファイアウォールやIDS以外にも、IPSやサンドボックス、あるいはDoS検知・防御するセキュリティ対策製品を利用した監視サービスもあります。特に商用SOCにおいては、監視に用いられたログやイベントを元に相関分析を行い、その結果をユーザー(企業)に対して通知・脅威レポートとして情報提供を行うサービスもあり、SOCといってもさまざまなメニューが用意されています。

●セキュリティ運用におけるカスタマーとの関係性

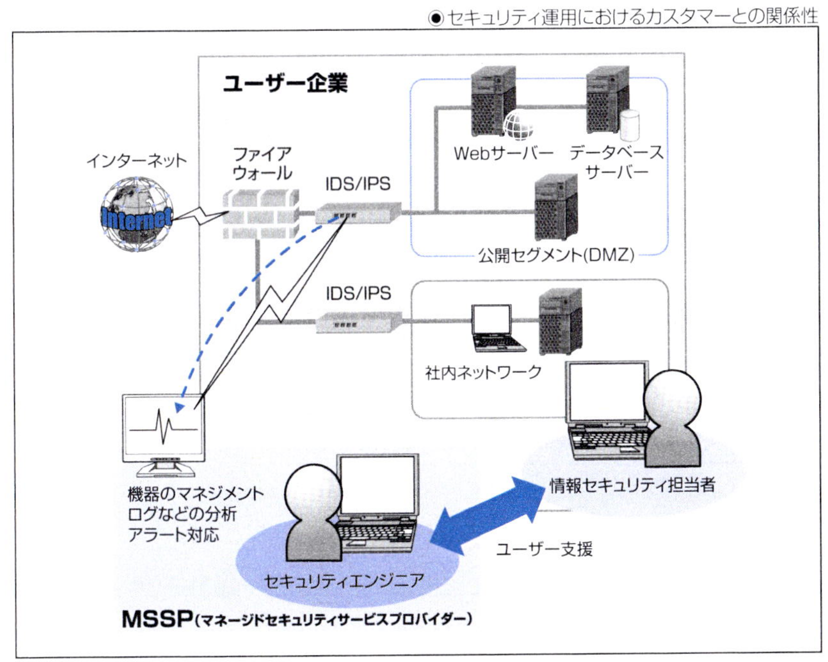

※JNSA、ISOG-J　マネージドセキュリティサービス(MSS)選定ガイドライン, p7
(http://isog-j.org/output/2010/MSS-Guideline_v100.pdf)を元に作成

13 情報セキュリティ運用の基礎知識

では、SOCとはどのような監視機能を持つ場所でしょうか。一般的には、専任の監視スタッフ(セキュリティエンジニア、アナリスト)による、24時間365日体制の監視サービスを提供する施設をいいます。これらの特徴としては、専門性の高いセキュリティアナリストにより、重要なインシデントを脅威ごとに分類・特定し、緊急度に応じて通知が行われます。その意味においてSOCとは、外部委託による日常的なインシデント発生に備えた「物的」あるいは「人的資源」の確保ともいえます。

また、規模の大きいSOCにおいては、専用ポータルサイトやダッシュボードを用いて、アナリストから通知されたインシデント内容や情報を直接、確認するサービスを行うこともあります。これによりシステム管理者が、日々の自社のインシデント情報を確認し、監視対象となるセキュリティの精度を高めるといったメリットがあります。

SOCにおける監視対象機器について

監視サービスに用いられる対象機器は、SOCの規模により異なります。主には、ルーター、スイッチをはじめとするネットワーク機器や、ファイアウォールやSSL VPNやWebプロキシ、NIDS·NIPS、エンドポイントといったセキュリティ製品など選択肢はさまざまです。最近は、サンドボックス対応のアプライアンスやクラウドサービスも、監視サービスの対象機器に取り上げられています。

●セキュリティ運用(SOC)における監視デバイスの例

タイプ	ベンダー
Routers(ルーター)	Cisco
Switches(スイッチ)	Cisco、Fortinet
Firewall(ファイアウォール)	Check Point、Cisco、Juniper、Tufin
SSL VPN	Juniper
HIDS(ホスト侵入検知システム)、HIPS(ホスト侵入防御システム)	McAfee
File Integrity Monitoring and Change Auditing(ファイル改ざん検知)	Tripwire
Web Application Firewalls (Webアプリケーションファイアウォール)	F5 Networks、Imperva
Advanced Threat Protection (次世代脅威対策)	FireEye
Proxy(プロキシ)	Blue Coat、Cisco、McAfee
Content Filtering(コンテンツフィルタリング)	McAfee、Blue Coat、Websense
Security Appliance[UTM](統合脅威管理)	Cisco、Juniper Networks、Fortinet、Check Point、McAfee、Palo Alto Networks

タイプ	ベンダー
Security Information and Event Management [SIEM](セキュリティ情報&イベント管理)	HP ArcSight、EMC-RSA
Log Monitoring and Management (ログモニタリング&マネジメント)	TIBCO LogLogic、HP ArcSight
Vulnerability Scanning(脆弱性スキャン)	Foundstone、Tenable、nCircle、Qualys
Endpoint Client(エンドポイントクライアント)	Check Point、Cisco、Palo Alto Networks、Fortinet
Endpoint Security(エンドポイントセキュリティ)	McAfee

セキュリティアナリストの役割とは

SIEM導入以外にも、ログ運用やイベント管理を外部のSOCに委託する組織も増えてきています。実際の商用SOCにおいてログ運用やイベント管理業務が、どのように行われているのでしょうか。これらログ分析やインシデント対応に従事する「セキュリティアナリスト」の役割を通じて、セキュリティ運用の業務について解説します。

セキュリティアナリストの主な業務には、まずログを分析し、インシデントの重要度に応じて、エンドユーザーに対して通知を行うという役目があります。特に、高度な分析技術を持つアナリストにおいては、独自のシグネチャ作成や脆弱性情報を元に、脆弱性診断やペネトレーションテストを実施します。また、セキュリティアナリストは、CSIRT[1]における、インシデント対応時の重要な役割を担う場合もあります。

SOCにおけるセキュリティアナリストの主な業務は、次の通りです。

◆ログ監視業務

各種ネットワーク機器(ファイアウォールやIDSやプロキシ)から取得したログのモニタリングを行います。単一にログを監視することもありますが、SOCにおいて常駐するアナリストは、複数のログの流れを監視することのできる監視専用のコンソールツールを介して、ログ全体を監視することが一般的です。

◆ネットワーク解析・ログ分析業務

取得したログを元に、ネットワーク解析を行います。具体的には、ネットワーク通信(攻撃送信元・送信先)やセッションデータを元に、通信内容を分析し、有効な攻撃または不正な活動を確認します。

[1]:CSIRTについては195ページを参照

◆緊急時のサポート対応業務

ログ分析の結果、インシデントの重要度(緊急・警告・注意・情報)に応じて、エンドユーザーに対して通知を行います。それ以外にも、クライアントへの報告会などを通じて、脅威動向調査やリスク分析、または報告会を通じて、対策の助言やアドバイスを行う場合があります。

◆シグネチャ(ルール)作成

侵入を識別する方法を定義するルールに、シグネチャ技術(Signature)があります。セキュリティアナリストは、侵入防止システム(IPS)に格納されている「ルール」、または、最新脅威の情報を元に、独自シグネチャを作成します。

◆脆弱性診断

パッチ適用を行うために、サーバーやPCにある脆弱性を把握するたに診断調査する必要があります。診断には脆弱性スキャンを用いて、サービスやポートの開閉を調査し、その結果をレポートします。また脆弱性検査ツールを用いて、ソフトウェアやアプリケーションのバグを発見することにより、リスクの洗い出しを行います。

◆脆弱性スキャンとペネトレーションテスト

脆弱性診断には、脆弱性スキャンツールを用いて、情報資産に対する脆弱性を洗い出します。またペネトレーションテストにより、発見した脆弱性に対して攻撃コードを実際に試行し、攻撃が成功するかどうかを疑似的に検証することも、重要な業務の1つです。

◆攻撃手法の分析(攻撃に対する分析)

プロトコルアナライザーやWiresharkといったネットワーク解析ツールを用いて、ログから攻撃内容を調査し、攻撃内容を分析します。ネットワークを利用した攻撃手法の分析方法として、意図的に攻撃手法や活動を分析するため、ハニーポットを設置する場合があります。

セキュリティアナリストの主な役割は、次の通りです。

- インシデントに関する脅威やリスク評価の基礎となるサイバー関連情報を集約・整理・対応する。
- CSIRTマネージャーやチームメンバーに対し、有事に対する必要かつ的確な情報を提供する。

- 有事の際における社内外からの情報の収集・整理・集約・分析・隔離を行う。
- インシデントの重要度(緊急・警告・注意・情報)を元に、CSIRTスタッフ(マルウェア・フォレンジックアナリスト)へ情報を伝達し、有事の際に必要な対応とその内容を具体的に指示あるいは助言する。
- 事前に設定したリスク基準に則り、トリアージのハンドリングを実施し、かつインシデントの優先順位付けを行い、その結果をCSIRTスタッフへ割り当てる。

近年、組織におけるセキュリティ運用においては、巧妙化する標的型攻撃やインシデントに対して、高度なセキュリティ専門職として、マルウェアアナリストやフォレンジックアナリストの役割と、そのための人材育成の必要性が求められています。

また、最近では、CSIRT(Computer Security Incident Response Team)におけるセキュリティアナリストのニーズが高まっています。

高度な専門性を持つセキュリティアナリストの役割

ここでは、より専門的なアナリストの役割について解説します。

◆ マルウェアアナリスト(Malware Analyst)

マルウェア感染端末からの脅威の特定と検疫を行います。また、脅威情報の開示とマルウェア対策を実施する役目を担います。

◆ フォレンジックアナリスト(Forensic Analyst)

不正アクセスやサイバー攻撃が行われたことの原因を究明し、かつ証拠保全を行うために、必要な機材データやログを収集分析し、法的証拠として証拠保全を行った上で、インシデント対応に必要な情報やフォレンジック調査資料を提示します。

まとめ

日々の情報セキュリティ対策を実施するためには、ネットワーク監視やインシデント対応活動などのセキュリティ運用の結果が、組織における十分な経済的価値やセキュリティに対する投資に見合う効果として発揮しなければ、より人的な負担やシステム運用にかかる費用がかさむこととなります。

また、ビジネスの現場において、非効率なログ運用が行われていた場合、無駄なスタッフの労力を消費したとして、業務における大きな損失にもつながります。その意味において、これまで概観したセキュリティ運用の成果が、組織におけるビジネス戦略やセキュリティポリシーを実現するための、大きな要になっているといっても過言ではありません。

つまり、セキュリティマネージャーや管理者、さらにエンジニアやアナリストに至るまで、経営側からセキュリティ運用に対する理解が得られるよう、セキュリティ運用業務について、十分、説明しておく必要があります。

SECTION-47

コンピュータセキュリティインシデントレスポンスチーム(CSIRT)

なぜセキュリティエンジニアは、インシデント対応業務を行う必要があるのでしょうか。

コンピュータセキュリティインシデントとは、「情報システムの運用におけるセキュリティ上の問題としてとらえられる事象」です。インシデント対応時の運用としてCSIRT(Computer Security Incident Response Team)をとらえた場合、「インシデント発生時の被害を最小化し、同様の有事が再発することを未然に防ぐことを目的とする組織または機能」といえます。

セキュリティエンジニアの業務も多岐にわたりますが、CSIRTにおけるインシデント発生時の迅速な初動対応や、時にはセキュリティアナリストとともにログ収集や攻撃に対する脅威分析といった役割なども求められています。つまり、セキュリティエンジニアには、インシデント対応時における重要な役目が求められているといっても過言ではありません。

CSIRTの最小要件とその類型

インシデント対応業務として、次の4つの要件がCSIRTにおいては求められています。

- 有事に対するCoordination(調整)が可能なこと
- 組織がインシデントハンドリングを行える能力があること
- サービスを受ける対象者が、明確に定義されていること
- 組織間で信頼できるコンタクトポイントを持っていること

米国CERT/CCにおいては、CSIRTを次のように分類しています。

●CSIRTの分類

分類	説明
組織内CSIRT(Internal CSIRT)	組織内で発生したインシデントに対応するチーム
国際連携CSIRT(National CSIRT)	米国ではCERT/CC、日本ではJPCERT/CCにあたる
コーディネーションセンター(Coordination Center)	協力関係にあるほかのCSIRTとの連携・調整、グループ企業間の連携チーム
分析センター(Analysis Center)	インシデント傾向分析、マルウェア 解析、痕跡分析、注意喚起を行う専門チーム
ベンダーチーム(Vendor Team)	自社製品の脆弱性に対応するチーム
インシデントレスポンスプロバイダー(Incident Response Provider)	セキュリティベンダーやSOC事業者(MSS)のチーム

CSIRTにおける主な運用サービスと対応業務

ここでは主なCSIRTの運用サービスと対応業務の一例を示します。組織においては、セキュリティエンジニアにも、さまざまな役割が与えられています。また、専任もあれば兼務の場合もあり、組織において、任務や立場は異なっています。

◆事後対応サービス

事後対応サービスの例は、下表の通りです。

サービス	内容
注意喚起と警告・通知	問題解決のために短期間で対応可能な処理を行う
インシデントハンドリング	インシデントを検証・診断・重大度評価を行う
インシデントレスポンス	電話･Eメールを通じ、有事後の影響のある部署に対して、復旧サポートやアドバイスを行う
インシデントコーディネーション	発生した一次原因の特定や関係するほかのCSIRT組織との情報交換ならびに関係機関への報告・調整を行う

◆事前対応サービス

事前対応サービスの例は、下表の通りです。

サービス	内容
アナウンスメント	侵入検知や攻撃発生時における警告・注意喚起を行う
技術監視(モニタリング)	ネットワーク通信、不正侵入行為、関連するすべての挙動の監視を行う
セキュリティ監査(アセスメント)	サービス対象に対する侵入検査(ペネトレーションテスト)およびセキュリティ監査の実施を行う
脆弱性管理	セキュリティ監査のための脆弱性調査と調査結果を元にシステムに対する脆弱性のリスクを低減するための脆弱性対策の実施を行う

◆インシデント管理サービス

インシデント管理サービスの例は、下表の通りです。

サービス	内容
リスクマネジメント	リスクマネジメントを通じ、組織の情報資産に対するアセスメントを行う
商用セキュリティ製品の性能評価と検証	商用ツール、アプリケーション、そのほかのサービスにおける製品評価や検証を行う
セキュリティ意識向上	最新のサイバーセキュリティ情報について社内勉強会を開催する
セキュリティトレーニング	サービス対象に対して、サイバーセキュリティトレーニングの実施を行う

COLUMN
インシデントレスポンスチームの誕生「Morris Worm事件」

CSIRT(Computer Security Incident Response Team)の歴史は古く、パーソナルコンピュータが普及する1990年においては、すでに国際団体が設立された経緯があります。そのきっかけとなった1つに、「Morris Worm事件」(1988年)があります。

1988年11月、米国コーネル大学の大学院生であったロバート・タッパン・モリス(Robert Tappan Morris)は、マサチューセッツ工科大学から「自作プログラム」を用いて、ネットワーク上の実験を試みました。ところが、作成者の意図に反し、たった99行のC言語で作られたこのプログラムの基本的な動きは、システム(UNIX)の脆弱性を突いて自分自身を複製し、短時間でネットワーク上に拡散する動きを示しました。

元々、データを削除するような悪意ある性質はなかったものの、偶然にもさまざまなシステムの脆弱性をついた結果、インターネット(ARPANET)に接続していた約6000台のPCを麻痺させる結果となりました。

さらにこのプログラムは、「Dictionary Attack(辞書攻撃)」を開始しました。当時の情報管理では、暗号化されたパスワードは通常、解読できないと考えられたために、パスワードは誰でも読めるところに置いてありました。このような状態を逆手に、生年月日や名前、あらかじめ候補として登録されていた文字列などを入力しつつ、暗号化されたパスワードと比較することで、解読に成功しました。

この悪意なく行われた実験は、結果的として「DoS攻撃(サービス停止攻撃)」や辞書攻撃を仕掛けることとなり、『Morris Worm』として後世の歴史に刻まれることとなりました。同時に、コンピュータネットワークの世界において、組織においてインシデントが発生した際に、誰がどのように対応するかについて関心が高まりました。

このワームによる大規模感染事件が発生したのを契機に、米国防高等研究計画局(DAPRA)が中心となり、今日のCSIRTの草分けとなった米国CERT/CC(Computer Emergency Response Team/Coordination Center)が誕生しました。現在CERT/CCは、現在カーネギーメロン大学(CMU)ソフトウェア工学研究所内に設置されています。

CHAPTER 14
事業継続マネジメント

本章の概要

災害などで企業活動が止まらないように、止まったとしてもすぐに活動を再開できるように災害発生前から計画し、目標復旧時間内に復旧させるための管理プロセスを事業継続マネジメント(BCM:Business Continuity Management)と呼びます。セキュリティは機密性だけでなく可用性も重要です。特に日本では機密性偏重のセキュリティ文化がありますが、米国は可用性を最も重視します。秘密が漏れて事業が立ち行かなくなるよりも、システムが使えなくて企業が倒産する可能性の方が高いからです。たとえば、米国の大手ネット通販会社のシステムが止まり、復旧してこないときに、その会社は何カ月持ちこたえられるでしょうか?

そのようなことを考えると、事業継続を行うための計画を立てておくことは非常に重要です。この章では主に事業継続のために必要なことを記述します。

SECTION-48

BCM(Business Continuity Management)

BCMは次のようなステップで作成していきます。

1 BCM方針の策定…………基本的に経営者が事業継続する意思を明確にします。

2 ビジネスインパクト分析…クリティカルリスクやそれがビジネスに与える影響、供される業務停止時間を明確にします。

3 事業継続計画の作成………事業継続を行うための指揮命令系統を決めます。また、あらかじめ用意する設備や復旧するためのドキュメントを作成します。

4 実施及び運用…………………従業員を教育して訓練を行い、テストします。

5 テストと見直し………………テストした結果不具合が発見された場合は改善します。

BCMの中の要素については以下に記述します。

クリティカルリスク

ビジネスインパクト分析は事業を脅かすクリティカルリスクを洗い出すことからスタートします。クリティカルリスクとして欧米では火事が最大のリスクに挙げられることが多いようですが、日本では地震を最大のクリティカルリスクとすることが多いようです。クリティカルリスクの代表的なものは次の通りです。

◆ 地震

大地震がシステムに与える影響は初期段階では揺れそのものが大きく、その後に停電やネットワーク切断、交通機関の麻痺などが影響してきます。津波や火事も地震に併発されることが多く、これらのリスクを併せてクリティカルリスクとします。

たとえば、大地震で発電所からの送電が止まり、自家発電機に切り替える計画を立てたとします。ディーゼル発電機であれば軽油が持つ時間しかシステムを稼働させることはできません。軽油を買い足すことも考えられますが、道路が渋滞して発注しても通常のように届くとは限りません。地震のような広域災害の場合はこのようにサプライチェーン(サービスや製品の供給)も失われてしまうことを考慮しなければいけません。

一方、ガスタービン発電機で対策を考えることも考えられます。ガスであれば道路の渋滞は関係ありませんが、病院の発電を優先するためにガスの供給も止められることがあります。また、発電機が地上階に設置されることは稀です。ほとんどが地下に設置されています。地下にあるということは津波が来た場合に発電機自体が動く保証もないわけです。

そもそも、地震の起きる時間が夜の場合は社員が朝出社できないかもしれません。システムだけ動いていてもそれを使う人間がいないと無意味です。地震の場合はこれらのリスクを細かく想定していきます。

◆洪水・高潮・津波

洪水・高潮・津波はすべて違うものですが、水が建屋に押し寄せるリスクということでまとめて考えてみました。最悪の事態を想定するとシステムが稼働するサーバー自体が水没してしまいます。ビルの電源設備も地下にあることが多いため、水没するリスクがあります。社員が出社できないのも地震と一緒です。

◆火事

システムが稼働するサーバー自体が消失、最悪なケースではデータも残りません。システムを復旧するためのドキュメント類も燃えてしまうことがあります。運よく消火できたとしても消火活動で大量の水をかけられるためドキュメントもサーバーも煤と水で汚れ、使い物にならないことがあります。また、オフィス自体が燃えた場合はシステムが稼働したとしても仕事をする機器も燃えている可能性があります。

◆伝染病

たとえば、新型インフルエンザの蔓延でオフィスビルが閉鎖されるリスクです。オフィスもシステムも影響を受けないため、直接システムには関係ありませんが、サーバーや周辺機器が故障した場合でも修理のために人が自由に出入りできないことやオフィスに社員が出社できないため、在宅勤務になることなどが挙げられます。

優先復旧業務

企業が存続するために優先的に復旧させなければいけない業務を優先復旧業務といいます。

クリティカルリスクが実際に起きたときに、すべての業務を復旧することがベストですが、システム要員も電源も経営資源も有限です。したがって、実際に起きた場合には優先普及業務から復旧し、事業を継続します。優先復旧業務をどのくらいの時間で普及させるかというリミットも併せて考えます。このリミットを最大許容停止時間(MTD:Maximum tolerable downtime)といいますが、優先復旧業務で利用するシステムはMTDよりも短い時間で復旧させることが望まれます。ただ、継続させるべきものはあくまでもシステムではなく業務であるため、システムが復旧するまでの期間に代替方法を用いて復旧することもあります。

事業継続計画(BCP)

システムに関係する部分のみを考える場合は、システムの復旧方法を計画する部分です。通常利用されているシステムがサイトごと破壊された場合に、システムの最大許容停止時間以内に復旧させるためにはどうすればよいかを考えます。メインサイトがオンプレミスの場合には、通常はDRサイト(Disaster Recovery site=災害対策サイト)を遠隔地に作成し、そこでシステムを復旧させます。システムが稼働するためには災害が発生する直近のデータが必要となるため、データは常にメインサイトからDRサイトにバックアップしておくことが必須です。

また、システムをDRサイトに切り替え復旧させるための作業体制や手順書を明確にしておきます。このとき重要なのは必ずしも体制に記した全員いるとは限らないことです。キーマンが交通機関の障害で来られない場合でも実行できるように計画します。DRサイトのへの切り替えはシステム以外も含めた全体のBCPで定められた指揮命令系統からのDR発動に従って開始します。

DRサイトの選び方

通常は70km以上遠隔地に作成しますが、地震大国の日本の事情を付け加えると、同時に被災しない場所を選択することが望まれます。メインサイトが南海トラフ地震の想定区域であれば、その影響を受けにくいところというように考えます。また、洪水のように西から東に移動していく災害もあるので河川よりも余裕をもって高い場所が望まれます。火山や原子力発電所が近くにないところ、電力会社がメインサイトと違うところ、ネットワークが強いところなどが選択条件に挙げられます。

代替オフィス

社屋が被災したときに業務を再開する場合は従業員がどこで働くのかを決めなければなりません。自社の社屋単体で被災する火事などの場合は代替オフィスなどを用意することが考えられます。広域災害で交通機関が使えず、社員が自宅待機の場合は代替オフィスを作っても業務が復旧できないので、在宅勤務が可能な業務は在宅からのネットワーク接続などを臨時的に開放して復旧させることも考えられます。

大多数の社員の自宅が倒壊するような震災の場合で、その組織が単一の拠点しか持たない場合は事業の継続が困難になります。あらかじめ複数拠点を設けておき、リスク分散するか、保険などでリスク移転を考える方法などを検討しておきます。

訓練と見直し

計画は作ったが、実際に災害が発生したときに誰もBCPを覚えていなかったら計画を立ててDRサイトに投資した費用がすべて無駄になってしまいます。そこで最低でも1年に1回はBCPの訓練を行うことが必要です。訓練を行った結果、うまくいかなかった部分は見直しをかけてBCP自体を修正します。

SECTION-49

レジリエンス

レジリエンスとは、ストレスを跳ね返す力をいいます。それは物理学の用語でしたが臨床心理学に持ち込まれ、セキュリティの世界にも持ち込まれました。ハリケーン・カトリーナで甚大な被害を受けた米国では今までの危機管理が見直されました。そこで注目されるようになった概念がレジリエンスです。

大きなインパクトで組織の機能が影響を受けたとしてもすべての機能を失わない強靭さと信頼性があり、失った機能も柔軟に回復できる能力がレジリエンスです。柳の枝は強風でしなっても折れずに元に戻ります。レジリエンスは、そのようなしなやかさと強さだと考えてください。

米国ではハリケーンでレジリエンスを学びましたが、日本には東日本大震災の教訓があります。日本でレジリエンスのあるシステム環境を作るにはどうすればいいかを考える必要があります。システムのレジリエンシーを高めるための方法の例を以下に挙げてみました。

システム環境の強靭化

クリティカルリスクに対応しての強靭化の例は次の通りです。

◆地震

地震の場合の強靭化の例を挙げます。

- サーバーラックがある建屋の耐震性能や免震構造
- 高層ビルにある場合は地震加速度の少ないフロアの利用
- サーバーラックやサーバーやディスク装置の耐震固定

◆洪水・高潮・津波

洪水・高潮・津波の場合の強靭化の例を挙げます。

- データセンターは高台を選定
- データセンターが自社ビルにある場合はビルの5F以上に設置
- 電源設備などが地下にある場合は水密扉に変更

◆火事

火事の場合の強靭化の例を挙げます。

- 防火設備・消火設備の設置

◆オフィス

オフィスの場合の強靱化の例を挙げます。

- 代替オフィスの用意
- オフィスの分散
- VPNなどによる自宅からの利用設備の用意

システム環境の回復力の向上

システム環境の回復力を高める例は次の通りです。

- 事業継続計画(BCP)の作成
- DR(災害対策サイト)環境の用意
- DRサイトへのデータのバックアップ
- 切り替え手順書の作成
- 切り替え訓練の実施

クラウド利用によるレジリエンスの向上

システムで利用する機器は汎用的なものほど調達がしやすく、エンジニアの層も厚いのでクリティカルリスクを受けたときの回復は早いのですが、それならばクラウドを使った方がハードの調達の心配がまったくないため、さらに早く回復できます。たとえば、以下のようなシステムはクラウドを利用することで簡単にレジリエンシーを高められると考えられます。

◆コミュニケーション基盤系システム

メールシステムさえ回復すれば組織内外とのコミュニケーションには困りません。グループウェアさえ残ればドキュメント類に代表される組織のナレッジもすべて残ります。コミュニケーション基盤さえSaaSに切り替えておけば、社屋が倒壊したとしても社員の自宅からインターネットを通じて業務を継続できます。

このようなことからコミュニケーション基盤はクラウド化した方がクリティカルリスクを受けた際の影響を少なくできレジリエンシー向上につながります。

このようなSaaSを扱っているサービス会社はサイトが被災したときでもサービスが続けられるように二重酸重の安全策を講じており、企業一社で構築したものよりも通常は安全にできています。

◆IaaS基盤でのシステム

大企業のほとんどが自社開発のシステムを持っており、その一部は優先復旧業務を行う上で必要不可欠だと考えられます。このようなシステムには簡単に手に入らない大型のサーバーで一般的でないOS上に作成されていることも多いようです。このようなシステムのDRサイトには高価な機械を準備しなければならず、DRサイトの維持にはかなりのコストがかかってしまいます。逆にDRサイトを作らないと特殊な機器だけに手配に時間がかかり最大許容停止時間までに復旧することは無理になってしまいます。

このようなシステムをIaaSで作成した場合は、コストも時間もかけずに復旧することが可能です。データと仮想サーバーのイメージをほかのリージョンに複製し、DR発動時はすぐにセカンダリに復元するなどの方法が考えられます。

最近では広域負荷分散やデータベースのリージョンをまたいだレプリケーションの技術もあるので、そのような技術とIaaSを組み合わせることでレジリエンシーの高いシステムを構築することもできます。システム更改のチャンスがあれば検討する価値があると思います。

CHAPTER 15

情報セキュリティに関する規格と法令の基礎知識

本章の概要

本章は、規格と法令の2部構成から成り立っています。前半の規格の部では、基礎的な規格の知識を押さえることを目的に、情報セキュリティ評価の代表である「コモンクライテリア(CC)」と組織の業務プロセス管理の考え方に必要な「能力成熟度モデル(CMMI)」の概要について解説します。次に「情報セキュリティマネジメントシステム(ISMS)」や「ITサービスマネジメントのフレームワーク(ITIL)」の概要についても整理しておきます。さらに「クレジット業界団体の評価基準(PCI DSS)」を概観することにより、情報セキュリティ対策における基準や、具体的な要件について確認します。

後半の法令の部においては、「個人情報保護法」や「マイナンバー法」といった国内の情報セキュリティに関連する法律や、2014年に成立した「サイバーセキュリティ基本法」、そしてサイバー犯罪に関する「不正アクセス禁止法」について解説します。

本章で扱う規格と法令年表

はじめに、本章で扱う規格と法令の年表を記載しておきます。

●本章で扱う規格と法令年表

西暦	基準・国際規格	国内外法令・事件
1980年		欧州プライバシーガイドラインにおける基本8原則(OECD)
1983年	「オレンジブック(Orange Book)」	
1986年	TCSEC(高信頼コンピュータシステム評価基準)	
1987年		刑法改正(電子計算機損壊等業務妨害234条の2・電子計算機使用詐欺246条の2)
1991年	ITESEC(Information Technology Security Evaluation Criteria)	
1993年		不正競争防止法(平成5年)
1999年	コモンクライテリア　Common Criteria(CC)(ISO/IEC 15408)、CMMI(Capability Maturity Model Integration)能力成熟度モデル統合	
2000年	「セキュリティ技術 - 情報技術セキュリティの評価基準」(JIS X5070)	「内閣官房情報セキュリティ対策推進室」設置、不正アクセス行為の禁止等に関する法律(2月)、通信傍受法(8月)
2001年		電子署名法(4月)、米国エンロン社倒産(12月)
2002年		米国ワールドコム社倒産(7月)、米国SOX法成立、特定メール法(7月)
2003年		個人情報保護法成立(5月)
2004年		米国内部統制監査制度導入
2005年	Information Security Management System(ISMS)(ISO/IEC 27001)	「内閣官房情報セキュリティセンター」設置
2006年	「情報技術 – セキュリティ技術 – 情報セキュリティマネジメントシステム – 要求事項」(JIS Q 27001)	会社法/金融商品取引法(平成18年)
2007年	ITIL(ver3 初版)	
2008年		内部統制の義務付け(4月)、特定電子メール法改正(12月)
2010年	PCI DSS(Payment Card Industry Data Security Standard)(ver2.0)	
2011年	ITIL(ver3 最新版) ISO/IEC 20000-1:2011 情報技術 – サービスマネジメント　第1部:サービスマネジメントシステムの要求事項	コンピュータウイルスの作成や保管を罰するための法改正(ウイルス作成罪)施行(7月)
2012年	ISO/IEC 20000-2:2012 情報技術 – サービスマネジメント　第2部:サービスマネジメントシステムの適用の手引き	不正アクセス行為の禁止等に関する法律改正・施行(5月)
2013年	PCI DSS(Payment Card Industry Data Security Standard)(ver3.0)	マイナンバー法成立(5月)
2014年		国内大手通信教育会社個人情報流出事件(7月)、サイバーセキュリティ基本法(11月)
2015年		内閣サイバーセキュリティセンター(NISC)設置(1月)、日本年金機構個人情報流出事件(5月)、マイナンバー法施行(10月)

SECTION-51

情報セキュリティに関する規格の基礎知識

企業などの組織が、情報セキュリティを確保し維持するためには、規格による標準化の取り組みが重要です。外部からの不正アクセスやマルウェア感染のリスクは、ある程度、技術的なセキュリティ対策により抑止できたとしても、十分であるとはいえません。

近年は、組織全体における規格や標準化による、総合的かつ継続的な情報セキュリティ活動の推進が求められています。

コモンクライテリア(CC)成立の経緯

コモンクライテリア(CC)(ISO/IEC 15408)(1999年)は、情報セキュリティに関するいくつかの評価制度を元に、規格化された経緯があります。米国においては1986年、TCSEC(Trusted Computer System Evaluation Criteria=高信頼コンピュータシステム評価基準)が制定されました。これは、1983年に米国国防総省(DoD:Department of Defense)において、軍用システムの設計に関する信頼性の規格を定めることを目的に、米軍や関連する政府機関において、情報システムを調達する目的で採用されました。特に、表紙がオレンジ色であることから、「オレンジブック(Orange Book)」とも呼ばれています。

その後、1991年に欧州において、各国のセキュリティの評価基準を統合したITESEC(Information Technology Security Evaluation Criteria)が成立しました。歴史的にはこのような経緯を経て、これら規格を統合したセキュリティの国際基準として、IT製品やシステム基盤に実装すべき、セキュリティ評価に関するコモンクライテリア(CC)が誕生しました。

◆ コモンクライテリア(CC)の構成について

今日ではコモンクライテリアは、世界20か国以上において採用されています。特に、政府機関の調達基準ともされ、日本においても政府や自衛隊におけるIT製品・システムの調達に関して、CCによる評価・認証取得された製品の利用が推進されています。2000年、国内においては「セキュリティ技術 - 情報技術セキュリティの評価基準」(JIS X 5070)が制定されました。その内容は、3つのパートから構成されています。

●コモンクライテリア構成

パート	内容
概説と一般モデル(パート1)	セキュリティシステム構築のアプローチを定義
	PP:プロテクションプロファイル「セキュリティ要求仕様書」
	ST:セキュリティターゲット「セキュリティ基本設計書」
	TOE:「ターゲット評価対象」
セキュリティ機能要件(パート2)	PPやSTを策定する過程において満たすべき基本要件を示す
セキュリティ保証要件(パート3)	IT製品や個別システムにセキュリティ機能が実現されていることを保証する10の保証クラス、7つのセキュリティレベル(EAL)がある

※出典　ITセキュリティ評価及び認証制度(https://www.ipa.go.jp/security/jisec/cc/)

組織の成熟度を定量的に評価する指標とは

能力成熟度モデル統合(CMMI:Capability Maturity Model Integration)(1999年)は、組織やプロジェクト業務のプロセスについて、どの程度管理されているのかを、5段階によって評価したモデルです。この指標に基づき、組織を評価した場合、その組織の成熟度や進展する度合いを、定量的に評価することができます。

特に、評価の対象とされる領域は、ソフトウェア開発やプロジェクト管理とさまざまですが、情報セキュリティ分野においては、リスク管理やインシデント対応組織の成熟度を測るために用いられることがあります。

●成熟度レベルについて(CMMI定義)

レベル	説明
初期段階	仕事が場当たり的で、個人に依存している状態を指す
管理された段階	仕事の要件に基づいて、計画が管理されている状態を指す
定義された段階	標準的なプロセスが確立し、活用・改善がなされている状態を指す
定量的に管理された段階	基準や統計的に管理され、結果が予測される状態を指す
最適化された段階	定量的に処理が行われ、継続可能な状態を指す

CMMIの導入事例については、222ページのCOLUMNにて解説します。

情報セキュリティマネジメントシステムとは

情報セキュリティ管理が適切に行われるためには、マネジメントシステムが構築され、運用される必要があります。客観的な評価を行うための基準として、組織体においては、どのような管理上の規格が求められているのでしょうか。

情報セキュリティマネジメントシステムに関する要求事項を規定した国際規格としては、ISO/IEC 27001「情報技術 - セキュリティ技術 - 情報セキュリティマネジメントシステム - 要求事項(Information Security Management System:ISMS)」(JIS Q 27001)(2005/2013年)があります。

情報セキュリティ管理の定番であるISMSは、マネジメントシステム全体の中において、事業リスクに対する取り組み方に基づいて、「情報セキュリティの確立」「導入」「運用」「監視」「レビュー」「維持および改善のフェーズ」を、情報セキュリティ管理上のライフサイクルとしてとらえる点に特徴があります。

情報セキュリティマネジメントに関する詳細な内容については、CHAPTER 03を参照してください。

ITサービス運用の標準的な国際規格とは

ISMSが情報セキュリティ管理上の国際規格であるのに対し、ITILはITサービスマネジメントのフレームワークとして、国内外を問わず取り入れられているITサービス管理のスタンダードです。元々は、英国規格にはじまり、その後、ISO/IEC 20000(2011/2012年)として、現在に至ります。ISO/IECにおいては、2部構成となっています。

◆ ISO/IEC 20000-1/20000-2

ITILは、広く普及が進んでいる「バージョン2」と、2007年にリリースされた「バージョン3」、そして2011年にマイナーチェンジが行われた最新版があります。両者を比較した場合、バージョン3では、ITサービスをライフサイクルとしてとらえている点に、大きな特徴があります。ISO/IEC 20000は、次の2部構成で成り立っています。

- ISO/IEC 20000-1:2011 情報技術 - サービスマネジメント
  第1部:サービスマネジメントシステムの要求事項
- ISO/IEC 20000-2:2012 情報技術 - サービスマネジメント
  第2部:サービスマネジメントシステムの適用の手引き

●サービスマネジメントのバージョン比較

バージョン2	バージョン3(2011)
サービスサポート	サービス戦略(サービスストラテジ)
サービスデリバリ	サービス設計(サービスデザイン)
ICT基盤管理	サービス移行(サービストランジション)
セキュリティ管理	サービス運用(サービスオペレーション)
ビジネス観点	継続的サービス改善(サービスの継続的向上)
サービスマネジメント導入計画	

それぞれのバージョンにより、構成が異なっていますが、バージョン2がプロセス処理に着目するのに対して、バージョン3では、ライフサイクルについて解説した内容となっています。

ITILに関する日本語の書籍については、特定非営利活動法人itSMF Japan(ITサービスマネジメントフォーラムジャパン)から入手できます[1]。

カード業界の情報セキュリティ基準とは

情報セキュリティ対策における、具体的なセキュリティ要件を示す基準の1つに、PCI DSS(Payment Card Industry Data Security Standard)(2010/2013年)があります。PCI DSSは、クレジットカード情報の取り扱いについて、カード業界団体が共同で策定したグローバル評価の基準として、多くの企業や組織から支持を集めています。

この基準において対象となる情報資産については、カード会員の情報を取り扱うすべての組織が対象とされ、安全なネットワーク構築と維持やカード会員データの保護などについて、詳細な要件が求められています。PCI DSSの具体的な要件は、次の通りです。

◉PCIデータセキュリティ基準と対象となる主な項目

PCIデータセキュリティ基準	対象となる項目
安全なネットワーク構築と維持	カード会員データを保護するために、ファイアウォールをインストールして構成を維持する
カード会員情報の保護	保存されるカード会員データを保護する
脆弱性管理プログラムの維持	すべてのシステムをマルウェアから保護し、ウイルス対策ソフトウェアまたはプログラムを定期的に更新する
	安全性の高いシステムとアプリケーションを開発し、保守する
強固なアクセス制御手法の導入	カード会員データへのアクセスを、業務上、必要な範囲に制限する
	システムコンポーネントへのアクセスを確認・許可する
	カード会員データへの物理アクセスを制限する
ネットワークの定期的な監視およびテスト	ネットワークリソースおよびカード会員データすべてのアクセスを追跡および監視する
	セキュリティシステムおよびプロセスを定期的にテストする
情報セキュリティポリシーの維持	すべての担当者の情報セキュリティに対応するポリシーを維持する

※参考・引用:Payment Card Industry(PCI)データセキュリティ基準
要件とセキュリティ評価手順 バージョン 3.2.1(2018年5月)
(https://www.pcisecuritystandards.org/documents/PCI_DSS_v3_2_1_JA-JP.pdf)

[1]:特定非営利活動法人itSMF Japan(ITサービスマネジメントフォーラムジャパン)
(http://www.itsmf-japan.org/books/index.html)

SECTION-52

情報セキュリティに関する法令の基礎知識

企業などの組織が、情報セキュリティを確保し維持するためには、法令による組織的な取り組みが必要です。特に、情報セキュリティに関する事故や事件は、組織における法令順守が行き届いていないところにおいて、発生するといっても過言ではありません。

近年は、組織全体における法令による内部統制やコンプライアンス活動の推進が、求められています。

個人情報の保護に関する法律（個人情報保護法（2003年））

この法律では、個人情報保護のために、官民共通の基本的な法的条項と、その下に置かれる民間部門向けの法的条項の2つにより構成されています[2]。

特に、過去6カ月以内において、データ件数が一度でも5000件以上を超えた個人情報データベース等を事業に使用している民間事業者等を個人情報取扱事業者として、遵守すべき義務を定めています。

個人情報取扱事業者に課せられている義務については、次の通りです。

- 利用目的の特定とそれに沿った取り扱い制限
- 安全管理措置
- 委託先の監督
- 同意なしの第三者提供の制限
- 苦情処理体制の整備など

OECDプライバシーガイドライン（1980年）

個人情報保護法の元となった国際的なプライバシーに関する原則として、OECD（経済協力開発機構）による「プライバシーガイドラインにおける基本8原則」があります。

[2]：e-Gov 法令データ提供システム　個人情報の保護に関する法律
(http://law.e-gov.go.jp/htmldata/H15/H15HO057.html)

●プライバシーガイドラインにおける基本8原則

原則	内容
収集制限の原則	個人情報の収集は適切にかつ公正な手段により入手が行われなければならない
データ内容の原則	個人情報の収集は利用目的の範囲内で行われ、正確かつ完全に最新でなければならない
目的明確化の原則	収集する目的は、収集時に特定される必要がある
利用制限の原則	収集目的以外に開示、提供、または利用されてはならない
全保護の原則	収集された個人情報は改ざん、破壊、不正利用などのリスクから適切に保護されなければならない
公開の原則	個人情報の取り扱いについて基本方針を公開しなければならない
個人参加の原則	本人の求めに応じて回答する必要がある。内容に異議がある場合、修正や削除を行うことができる
責任の原則	個人情報を収集する者は、これらの原則を実施する責任がある

※出典　外務省　プライバシー保護と個人データの国際流通についてのガイドラインに関するOECD理事会勧告(仮訳)(http://www.mofa.go.jp/mofaj/gaiko/oecd/privacy.html)

マイナンバー法と制度の要点

個人情報保護法が施行された後、いくつかの議論を経て2013年(平成25年5月)に「行政手続きにおける特定の個人を識別するための番号の利用等に関する法律」が施行されました。いわゆる「マイナンバー法」は、国民に対して個人番号を割り当て、年金や社会保障や納税に関する情報を、一元的に管理をするために導入するための法律をいいます。

この法律の大きな特徴は、個人番号や法人番号を活用した効率的な情報管理や利用する際の迅速な情報授受や、手続きの簡素化による利用者負担の軽減、さらに個人情報の適正な取り扱いを確保することを目的としています[3]。

マイナンバー法のポイントをまとめると、次のようになります。

●マイナンバー法のポイント

ポイント	内容
個人番号	個人番号の利用が法律により規定されている
個人番号カード	顔写真付きの個人番号カードが付与される
個人情報保護	特定の個人番号の収集や保管、特定の個人情報ファイルの作成が原則、禁じられている。また、民間事業者は情報提供ネットワークシステムを使用できないなどの制約が設けられている

◆個人情報保護法とマイナンバー法との関係

個人情報保護法においては、一定数以上の個人情報を取り扱う事業者に限定しているのに対し、マイナンバー法では、扱う情報の件数に関係なく、すべての事業者を適用の対象としている点が特徴です。

ただし、利用に関する保護措置として、次の事柄について考慮する必要が

[3]:内閣官房　マイナンバー　社会保障・税番号制度(http://www.cas.go.jp/jp/seisaku/bangoseido/)

あります。

- 特定個人情報の目的外利用の制限
- 安全管理措置
- 特定個人情報を取り扱う事業者に対する監督義務

マイナンバーに関する情報については、公式サイトより入手することが可能です。

- **内閣官房　マイナンバー　社会保障・税番号制度（専用サイト）**
  URL http://www.cas.go.jp/jp/seisaku/bangoseido/

内部不正や営業秘密に関する法令とは何か

組織内部者の不正行為による情報セキュリティ上のインシデントが、日々発生しています。特に、2014年に起きた大手通信教育会社から顧客情報が流出した事件は、記憶に新しい出来事ですが、漏えいによる損害賠償や信用失墜は、この事件のような個人情報の漏えいだけとは限りません。では営業秘密や知的財産など製品情報などの漏えいは、どのような法律により、不正抑止や未然防止が行われているのでしょうか。

◆ 不正競争防止法の概要

知的財産などの製品情報や営業上の秘密については、秘密管理性、有用性、非公知性の3つの要件を満たす営業秘密（トレードシークレット）が保護の対象として、不正取得や不正開示などの不正競争行為として禁止されています。また、刑事上の処罰の対象として、民事上の損害賠償請求や差し止め請求が認められています。具体的に営業秘密（トレードシークレット）には、どのような法的要件が必要となるのでしょうか。

まず営業秘密においては、生産方法や販売法など、事業活動に有用な技術上、または営業上の秘密で、秘密として管理され、公然と知られていないものをいいます。特に、不正競争防止法（1993年·平成5年）（平成13年·16年·17年・18年・21年・23年度・27年度改正）により、企業の知的財産権として保護される情報を、トレードシークレットといいますが、次の3つの要件が必要となります。

●不正競争防止法の3つの要件

要件	内容
秘密管理性(秘密として管理されていること)	秘密管理性とは、情報に触れることができる者を制限することをいう。あるいは情報に触れた者にそれが秘密であることを認識できることを指す
有用性(事業活動に有用な情報であること)	有用性とは、情報自体が客観的に事前に利用、あるいは利用されることにより、経費節約や経営効率の改善に役立つものであることを指している(例:設計図、製法、製造ノウハウ、顧客名簿、仕入れ先リスト、販売マニュアル)
非公知性(公然と知らされていないこと)	非公知性とは、保有者の管理下以外では、一般に入手できないことを指す。ただし、第三者が、偶然、同じ情報を開発して保有した場合や、当該第三者も、当該情報を秘密として管理していれば、非公知性とされる

※出典　経済産業省　不正競争防止法の概要と改正
(http://www.meti.go.jp/policy/economy/chizai/chiteki/unfair-competition.html)

企業不祥事を抑止するための内部統制の構築とは何か

内部統制とは、組織運営の健全化や法令順守のための体制の仕組みをいいます。この仕組みは、内部不正の抑止力として、重要な考え方の1つです。内部統制構築のためには、米国トレッドウェイ委員会組織委員会が公表したCOSOのフレームワークが用いられます。日本では、金融庁の企業会計審議会が、「財務報告書に係る内部統制の評価および監査基準」「財務報告に係る内部統制の評価および監査に関する実施基準」により、内部統制の基本的なフレームワークを構築するケースがあります。

◆米国企業改革法:サーベンス・オクスレー法と日本版SOX法について

米国企業における不祥事をきっかけに、企業会計不正に対応するため、2002年、企業改革法(米国SOX法)が制定されました。これは企業における内部統制の不備や機能不全によって、組織の統制が行われなかったエンロン・ワールドコム事件に由来します。

この米国SOX法は、上場企業に対して、財務情報の透明性や正確性を確保するための組織改革を目的に、経営者の責任や義務をルール化することにより、投資家に対する保護を目的としています。

◆日本版SOX法の概要

2005年以降、日本の企業における不正会計や粉飾決済などの不祥事が続発したことから、内部統制の強化を目的に法制化の動きが起こりました。いわゆる日本版SOX法として、次の案と基準がそれぞれ制定された経緯があります。

- 財務報告に係る内部統制の評価および監査の基準案
- 財務報告に係る内部統制の評価および監査に関する実施基準

「財務報告に係る内部統制の評価および監査の基準案」は、日本版SOX法における監査の基準となる文書を指しています[4]。「財務報告に係る内部統制の評価および監査に関する実施基準」は、日本版SOX法における、具体的な対応範囲やガイドラインを示しています。

◆ FISC(金融情報システムセンター)

金融機関等の協力の元に総合的な調査活動を通じ、金融システム安全性の確保の施策を推進し、円滑な発展に貢献することを目的とする機関として、1985年(昭和59年)11月に設立されました。「金融機関等コンピュータシステムの安全対策基準」などの各種ガイドラインや、調査レポートを公開しています。

会社法と金融商品取引法(2006年)

2006年から2015年にかけ施行された、いわゆる改正会社法(会社法の一部を改正する法律案)と、2006年に成立した狭義の日本版SOX法(金融商品取引法)を概観します。

◆ 会社法(2006年5月1日施行・2014年可決・成立・2015年5月施行)

これまで商法、有限会社法や特例など、企業に関する法律がいくつかに分散していたことを受け、2005年に会社関連の法律が統合されました。2006年5月に「会社法」として、施行された経緯があります。主な改正の内容としては、「株式会社」と「有限会社」を類型として統合した点や、新たに「合同会社」といった会社が創設されました。

◆ 金融商品取引法(2006年6月)

証券取引法を抜本的に改正するものとして、2006年6月に法律が成立をしました。狭義において、「日本版SOX法」とも呼ばれています。この法律では、上場企業における財務報告の信頼性を確保することを目的に、企業に対する「内部統制報告書提出の義務」と「違反時の罰則強化」が課されています。

[4]:金融庁　財務報告に係る内部統制の評価及び監査の基準並びに財務報告に係る内部統制の評価及び監査に関する実施基準の設定について(http://www.fsa.go.jp/singi/singi_kigyou/tosin/20070215.pdf)

サイバーセキュリティに関する法令の基礎知識

国の基本理念や責任範囲を明確にする目的として、2014年11月(2015年1月施行)、「サイバーセキュリテ基本法」が成立しました。施策の目的として、「経済社会の活力向上」「持続的発展」「国民が安全で安心して暮らせる社会の実現」「国際社会の平和及び安全の確保」「国の安全保障への関与」を掲げています。

全体はI章(総則)から、II章(サイバーセキュリティ戦略)、III章(基本的施策)IV章(サイバーセキュリティ戦略本部)と附則により構成されています[5]。

◆ サイバーセキュリティ本部の機能・権限

同法においては、従来の情報セキュリティ政策会議を格上げする形で「サイバーセキュリティ戦略本部」(本部長は内閣官房長官)を設置し、IT総合戦略本部および国家安全保障会議(NSC)と緊密に連携する体制で構成する特徴があります。

第2条(定義)では、「サイバーセキュリティ」そのものを定義として位置付けています。第3条(基本理念)では本法を推進する際の基本理念として、次の項目が挙げられています。

- 官民の連携による対応
- 個々の国民の自発的な対応の促進
- IT活用による活力ある経済社会の構築
- 国際秩序の形成での先導的な役割
- IT基本法の基本理念に配慮して実施
- 国民の権利を不当に侵害しないこと

これらは、あくまでも基本法の位置付けであり、規定については幅広いものとなっています。

◆ 内閣サイバーセキュリティセンター(NISC)(2015年)

日本の情報セキュリティ対策の中心的な役割として、2000年に設置された「内閣官房情報セキュリティ対策推進室」と、2005年「内閣官房情報セキュリティセンター」を母体として、これらを再編する形で、2015年1月9日、「内閣サイバーセキュリティセンター(NISC))が、内閣官房に設置されました[6]。

[5]:衆議院　サイバーセキュリティ基本法案
(http://www.shugiin.go.jp/internet/itdb_gian.nsf/html/gian/honbun/houan/g18601035.htm)
[6]:内閣サイバーセキュリティセンター(NISC)基本法案概要
(http://www.nisc.go.jp/conference/seisaku/dai40/pdf/40shiryou0102.pdf)

不正アクセス行為の禁止などに関する法律

不正アクセス禁止法((2000年)改正施行(2012年5月))とは、アクセス制御が行われているコンピュータに対して、ネットワーク経由等により、不正にアクセスする行為やそれを助長する行為を禁止し、処罰する法律です[7]。

不正アクセス禁止法には、大きく2つの特徴があります。

まずは、不正アクセス行為を禁止することにより、電子通信やビジネスに関する秩序を保つこと、そしてもう1つは、再発防止のために、都道府県公安委員会による援助措置を図ることにより、コンピュータに係る犯罪を防止することを目的としています。

電子計算機損壊等業務妨害(刑法234条の2)

業務に使用するコンピュータの破壊やコンピュータ用のデータの破壊、またはコンピュータに虚偽のデータや不正な実行をするなどの方法により、コンピュータの目的に沿う動作をしないようにしたり、目的に反する動作をさせたりして、業務を妨害する行為を指します。

電子計算機使用詐欺(刑法246条の2)

財産権の得喪や変更など、不実の電磁的記録を作るなどの手段によって、財産上の不法利益を得ることを目的とする犯罪をいいます。

不正指令電磁的記録に関する罪(コンピュータウイルスに関する罪)

刑法改正により、新たに「不正指令電磁的記録に関する罪」(いわゆるコンピュータウイルスに関する罪」)が設けられ、同年7月14日に施行されました。

◆コンピュータウイルスの作成や保管を罰するための法改正(ウイルス作成罪)

情報処理の高度化などに対処するための刑法等の一部を改正する法律(平成23年法律第74号)が、2011年(平成23)6月24日に公布されました。

この法律により、いわゆる「コンピュータウイルスの作成、提供、供用、取得、保管行為」が罰せられることになりました[8]。

コンピュータウイルスに関する罪では、電磁的記録、その他の記録を処罰の対象としています。その対象は次の通りです。

- 人が電子計算機を使用するに際してその意図に沿うべき動作をさせず、または、その意図に反する動作をさせるべき不正な指令を与える電磁的記録

[7]:e-Gov 法令データ提供システム　不正アクセス行為の禁止等に関する法律
(http://law.e-gov.go.jp/htmldata/H11/H11HO128.html)
[8]:警視庁　不正指令電磁的記録に関する罪
(http://www.keishicho.metro.tokyo.jp/kurashi/cyber/security/cyber441.html)

- 上記に掲げるもののほか、上記の不正な指令を記述した電磁的記録その他の記録
- コンピュータウイルスの作成・提供
- コンピュータウイルスの供用
- コンピュータ・ウィルスの取得・保管

なお、コンピュータウイルスの作成、提供、供用、取得、保管行為のそれぞれ意味と罰則は、次の通りです。

行為	説明・罰則
作成・提供	正当な目的がないのに、使用者の意図とは無関係に実行されるようにする目的で、コンピュータ・ウイルスのプログラム(ソースコード)を作成・提供する行為をいう。3年以下の懲役または50万円以下の罰金が課せられる
供用	正当な目的がないのに、使用者の意図とは無関係に勝手に実行される状態にした場合や、その状態にしようとした行為をいう。3年以下の懲役または50万円以下の罰金が課せられる
取得・保管	正当な目的がないのに、その使用者の意図とは無関係に勝手に実行されるようにする目的で、コンピュータウイルスのソースコードを取得、保管する行為をいう。2年以下の懲役または30万円以下の罰金が課せられる

通信傍受法(2000年8月)と電子署名法(2001年4月)

ここでは、組織的犯罪対策である「通信傍受法」と、電子政府や電子自治体における基盤技術に重要な「電子署名法」についてふれておきます。

◆ 通信傍受法の概要

正式名称は、「犯罪捜査のための通信傍受に関する法律」といいます。通信傍受の対象となる犯罪とは, 薬物関連犯罪、銃器関連犯罪、集団密航の罪、組織的殺人が相当します[9]。特に、組織的な犯罪では, その準備や実行が密行的に行われ、犯行後にも証拠を隠滅したり、犯人を逃亡させるなどの工作が行われることも少なくありません。

そのため、これらを実行するための手段として、しばしば電話などの通信手段が悪用されることから、制定・施行された経緯があります。

◆ 電子署名法成立の背景

コンピュータネットワーク上において、インターネットを利用した商取引を行う場合に、その正当性を証明するための手段が必要となります。電子署名とは、公開鍵基盤(PKI)を用いて、法的な効力を持つことができる技術です。

[9]:e-Gov 法令データ提供システム 通信傍受規則
(http://law.e-gov.go.jp/htmldata/H12/H12F30301000013.html)

特に、電子署名で使う電子証明書を発行する機関を、「認定認証事業者」と呼んでいます[10]。

「電子署名法」は、主に2つのポイントで成り立っています。

- 電磁記録の真正な成立の推定
- 認証業務に関する認定制度の導入

「電磁記録の真正な成立の推定」とは、手続きの署名や押印と同等に通じる基盤を整備することです。「認証業務に関する認定制度の導入」とは、本人であることを証明する業務に関して、一定の水準を満たすものとして、国の認定を受けることができることです。

特定電子メール法(2002年7月)

最後に、スパムメール問題に関する法について、概観します。

特定電子メール法の正式名称は「特定電子メールの送信の適正化に関する法律」といいます。一度に不特定多数の人に対して、送信される電子メールの適正化のための措置として定められており、かつ利用についての良好な環境整備を図ることを目的としています[11]。

送信者に対して課される義務としては、次の3つがあります。

- 送信にあたっての表示義務
- 送信拒否を通知した者に対する特定電子メールの送付の禁止
- 送信者がプログラムを用いて作成した架空のアドレス宛の電子メールの送信禁止

◆オプトイン方式(オプトインメール)による規制の導入

2008年12月の特定電子メール法の改正においては、オプトイン方式(加入や参加、許諾、承認などの意思を相手方に明示すること)の導入や罰則金額の引き上げなど、規制の動きがありました。

[10]:法務省　電子署名法の概要と認定制度について(http://www.moj.go.jp/MINJI/minji32.html)
[11]:e-Gov 法令データ提供システム 特定電子メールの送信の適正化等に関する法律
(http://law.e-gov.go.jp/htmldata/H14/H14HO026.html)

COLUMN COBITとは

COBIT(Control Objectives for Information and Related Technology)とは、米国ISACA(情報システムコントロール協会)とITGI(ITガバナンス協会)により提唱、策定された内部統制を実現するためのフレームワークです。ITガバナンスやITマネジメントに関する実践的な規範ともいわれ、ガイドラインやプロセス参照モデルを提供しています。

最新版であるCOBIT5では、プロセス評価に関する国際規格でもあるCMMIが採用され、ITガバナンスと目標達成度や組織の成熟度について評価やアプローチが行われています。

●COBIT5の成熟度レベル

成熟度レベル	説明
(0) 不完全なプロセス	プロセスを実行してない。またはプロセスの目的を達成していない状態
(1) 実施されたプロセス	実行したプロセスが、その目的を達成している状態
(2) 管理されたプロセス	(1)の状態が計画や調整されており、生産物も維持管理されている状態
(3) 確立されたプロセス	(2)の状態を成果として達成し、定義されている状態
(4) 予測可能なプロセス	(3) の状態を、プロセス成果を達成するために、定義された範囲内で運用する状態
(5) 最適化しているプロセス	(4)の状態を、関連する現在の達成目標や計画した目標として継続して改善する状態

CHAPTER 16

セキュリティに関する教育と認定資格について

本章の概要

本書に記述したセキュリティ技術、セキュリティ運用手法、規格・法令の知識など、セキュリティエンジニアに求められるスキルに関する認定資格が多数存在しています。

この認定資格は、セキュリティエンジニア向けだけでなく、一般社員個人のステージアップ目標や企業におけるセキュリティ従事者の標準的な品質向上目的でも利用されています。

本章では、企業に必要とされるセキュリティ教育を俯瞰し、日本国内で広く普及している、セキュリティエンジニアが得るべき認定資格について紹介します。

SECTION-53

セキュリティ教育とスキル・知識レベルについて

情報セキュリティに関する知識は、セキュリティ業務に従事する人だけでなく、一般社員についても要求されます。企業内で行われるべきセキュリティ教育は、業務内容、役職等組織上の位置付けによってさまざまな内容が存在します。ここでは、セキュリティへの関わり度合いから社員を4つの範疇に分け、それぞれの立場におけるセキュリティ教育の在り方について説明します。

初級編：新入社員のためのセキュリティ教育

新入社員のためのセキュリティ教育は次の通りです。対象は、中途入社も含めた新入社員です。

◆ セキュリティに関する基礎知識

簡単な用語や、マルウェアに犯されない操作方法、メール送受信の正しい手順、インターネットアクセス時の注意事項など、セキュリティに関する基礎知識を教えます。

◆ 企業のセキュリティポリシーと社内ルールの理解

企業のホームページや社内規定に明記されている内容を理解してもらいます。

◆ オフィスのセキュリティ環境

入退室管理のチェック方法や、セキュリティゾーンの意味と実際の構成、セキュリティ管理手法の概要を教えます。

中級編：業務ごとのセキュリティ教育

業務ごとのセキュリティ教育は次の通りです。対象は企業内全社員であり、業務が変わるごとに繰り返されます。

◆IT環境

クライアントの環境と導入されているセキュリティツール、アクセスできるサービスの種類とそれぞれのセキュリティ対策概要を教えます。

◆インシデント対応

起こりうるインシデント概要と、発生時の基本動作を教えます。

◆インターネットセキュリティ環境

Webアクセス時の留意点、ファイル送受信時の留意点など、セキュリティリスク軽減の知識を教えます。

上級編：技術的管理的に詳細な知識を得るための教育

技術的管理的に詳細な知識を得るための教育は次の通りです。対象は、IT部門、セキュリティ部門の社員向けです。社内で教育を実施し、外部セミナー受講後、認定資格を取得することを求められる立場です。

- (本書に記述している)セキュリティ技術、セキュリティ運用手法、規格・法令の知識
- インシデント検知時の調査、対策、改善
- セキュリティ管理の手法
- ITシステムの理解と防止策などのリスク軽減策の知識

専門編：IT部門、セキュリティ部門の専門家・責任者が持つべき知識・スキル教育

IT部門、セキュリティ部門の専門家および責任者が持つべき知識・スキル教育については、専門分野が広範囲にわたり、かつ、それぞれの内容の難易度が高いので、外部の教育機関と認定取得のコースを経るのが一般的です。

SECTION-54

セキュリティエンジニアに求められる認定資格について

本書の読者は、前項の上級編・専門偏を受講する社員を対象としていますが、一般社員も含めて日本国内で目指すべき認定資格について紹介します。

認定資格の全体像

下表が、筆者が推奨する日本国内で取得できる認定資格一覧です。

政府系国内機関が運営するもの、グローバル組織が運営するものを記述しています。メーカーベンダーが運営する認定資格もありますが、客観的な技術基準、管理基準を満たす資格のみを対象としたため、表からは除いています。またセキュリティに関わりの深い監査視点の資格もありますが、セキュリティ専門分野に絞るため、純粋な監査分野の資格は外しています。

●セキュリティ認定資格一覧

種別	運営組織	認定資格	対象者像(教育レベル)
政府系国内機関	独立行政法人 情報処理推進機構(経産省所管)	情報処理安全確保支援士試験(SC)	情報セキュリティ技術の専門家(上級編)
		情報セキュリティマネジメント試験(SG)	情報セキュリティリーダー(上級編)
	一般財団法人 全日本情報学習振興協会(文科省所管)	情報セキュリティ管理士認定試験	一般管理職(初級編~中級編)
		情報セキュリティ初級認定試験	一般従業員(初級編~中級編)
グローバル組織	(ISC)2JAPAN	CISSP(Certified Information System Security Professional)	情報セキュリティ・プロフェッショナル(専門編)
		CCSP(Certified Cloud Security Professional)	クラウド情報セキュリティ・プロフェッショナル(上級編)
		SSCP(System Security Certified Practitioner)	情報セキュリティ・IT業務担当者(中級編)
	SANS	専門分野ごとに各種GIAC資格(SEC401、SEC504、SEC542、SEC566、SEC560、FOR408、FOR508、FOR610)	グローバルに認知されたサイバーセキュリティ分野の専門家(中級編~専門編)
	ISACA	CISA(Certified Information System Auditor)	公認情報システム監査人(上級編)
		CISM(Certified Information Security Manager)	公認セキュリティマネージャー(上級編)
	CompTIA 日本支局	Security+	情報セキュリティ・IT業務担当者(中級編)

SECTION-55

政府系国内機関が運営する認定資格

経産省所管組織、経産省所管組織、文科省所管組織が運営する3種類の認定資格が存在します。

情報処理推進機構

運営は経産省所管の独立行政法人であり、情報処理技術者試験の一部となります。

情報処理技術者試験は、「情報処理の促進に関する法律」に基づき経済産業省が、情報処理技術者としての「知識・技能」が一定以上の水準であることを認定している国家試験です。

◆情報処理安全確保支援士試験(SC)

情報処理安全確保支援士試験(SC)は、対象者像を「高度IT人材として確立した専門分野を持ち、情報システムの企画・要件定義・開発・運用・保守において、情報セキュリティポリシーに準拠してセキュリティ機能の実現を支援し、又は情報システム基盤を整備し、情報セキュリティ技術の専門家として情報セキュリティ管理を支援する者」[1]としています。企業内の情報セキュリティ技術専門家といえるでしょう。

◆情報セキュリティマネジメント試験(SG)

情報セキュリティマネジメント試験(SG)は、2016年度に新設された認定資格です。対象者像は、「情報システムの利用部門にあって、情報セキュリティリーダーとして、部門の業務遂行に必要な情報セキュリティ対策や組織が定めた情報セキュリティ諸規程(情報セキュリティポリシーを含む組織内諸規程)の目的・内容を適切に理解し、情報及び情報システムを安全に活用するために、情報セキュリティが確保された状況を実現し、維持・改善する者」[2]としています。IT部門の情報セキュリティリーダーといえるでしょう。

[1]:情報セキュリティスペシャリスト試験(https://www.jitec.ipa.go.jp/1_11seido/sc.html)
[2]:情報セキュリティマネジメント試験(https://www.jitec.ipa.go.jp/1_11seido/sg.html)

SECTION-56

グローバル組織が運営する認定資格

製品やサービスに依存しないベンダーニュートラルな認定資格を紹介します。認知度の高いCISSP、GIAC、CISA、CompTIA Security+の認定資格が代表格です。いずれも米国国防省では情報に触れる職員、取引先などに取得が義務付けられています。これらは、日本国内のセキュリティベンダーにおいても重要視されてきており、取得することによって一定のスキル水準を満たしているとみなされる傾向が出てきています。セキュリティエンジニアのステージアップ資格として取得すべきものといっても過言ではないでしょう。

(ISC)2

(ISC)2(International Information System Security Certification Consortium:アイエスシースクエア)は、1989年に設立されたNPO団体です。セキュリティジェネラリストに必要な知識を体系化し、情報セキュリティの共通知識分野(CBK:Common Body of Knowledge)を策定し、それをベースに「資格」という形でプロフェッショナルを認定しています。

本部は米国フロリダ州にあり、日本、香港、インド、中国、米国バージニア州に拠点を構えています。会員は世界中に存在し、資格保有者は135国以上で11万人を超えています(2015年8月現在)。

◆ CISSP(Certified Information System Security Professional)

CISSPは、(ISC)2が認定するベンダーニュートラルの資格で、情報セキュリティの専門家に必要な資格です。グローバルでは、10万名弱が取得し、国内では1401名取得しています(2015年4月現在)。欧米では、CISO/CSOの85%以上が保有しており、キャリアプランの1つの目標とされるものです。

◆ CCSP(Certified Cloud Security Professional)

CCSPはクラウドサービスを安全に利用するために必要な知識を体系化した資格です。新しい資格で日本での取得者はごくわずかしかいませんが、クラウドでシステムを構築するのが当たり前の時代になってきた現在では注目されています。2020年には日本語で試験を受けられる計画もあります。

◆SSCP(Systems Security Certified Practitioner)

SSCPは、情報セキュリティ業務従事者を含む一般的なIT業務従事者が、情報セキュリティ専門家や経営陣とコミュニケーションを図れることを目的に設計された資格です。経験年数が少ない情報セキュリティ業務従事者にとっても、より実践に近い内容をグローバルの標準に則った内容で理解していることを証明できる資格です。

SANS Institute

SANS(Sysadmin, Audit, Network, Security) Instituteは、1989年に設立された、サイバーセキュリティ分野における産官学連携の調査・研究機関です。サイバーセキュリティ研修「SANSトレーニング」を提供し、サイバーセキュリティ資格「GIAC」の認定を行っています。基礎から高度な専門領域まで70以上に及ぶカリキュラムがあり、20万人以上がSANSトレーニングを受講しています(2015年8月現在)。

日本で2016年度実施されているトレーニングと対応するGIAC資格(括弧内に記述)を紹介します。

◆SEC401(GSEC:Security Essentials)

SEC401は、情報セキュリティに関する知識を整理したいと考えている情報セキュリティ業務従事者向けの資格で、セキュリティ分野の基礎知識を網羅しています。

◆SEC504(GCIH:Incident Handler)

SEC504は、インシデントハンドリング業務を担当する情報セキュリティ業務従事者向けの資格で、攻撃手法など、ハッキング攻撃者視線の知識・スキルを必要とします。

◆SEC542(GWAPT:GIAC Web Application Penetration Tester)

SEC542は、Webアプリケーションの脆弱性診断を実施しているセキュリティエンジニア向けの資格です。

◆SEC560(GPEN:GIAC Penetration Tester)

SEC560は、ネットワークおよびシステムを対象とするセキュリティ脆弱性診断を目的としたアセスメント業務を行うセキュリティエンジニア向けの資格です。

◆ SEC566(GCCC:GIAC Controls Certification)

SEC566は、20のクリティカルなセキュリティコントロールを理解し、重要なシステムを保護し、広範囲の想定された攻撃を防ぐ立場の情報セキュリティ監査者向けの資格です。

◆ FOR408(GCFE:Forensic Examiner)

FOR408は、Windows OSに対象を絞ったフォレンジック業務を遂行できるセキュリティエンジニア向けの資格です。

◆ FOR508(GCFA:Forensic Analyst)

FOR508は、高度なデジタルフォレンジック技術を理解してインシデントハンドリング業務を担当するセキュリティエンジニア向けの資格です。

◆ FOR610(GREM:GIAC Reverse Engineering Malware)

FOR610は、リバースエンジニアリングなどの高度なマルウェア解析技術やツールを理解し、実際にフォレンジック業務を遂行できるセキュリティエンジニア向けの資格です。

ISACA

ISACA(Information Systems Audit and Control Association)は、1969年に設立された、180国に14万人の会員を有するNPO団体です。情報システム、情報セキュリティ、ITガバナンス、リスク管理、情報システム監査、情報セキュリティ監査などの専門家が運営しています。

◆ 公認情報システム監査人(CISA)

CISAは、情報システムの監査およびセキュリティ、コントロールに関する高度な知識、技能と経験を有するプロフェッショナルとしてISACAが認定する国際資格です。

「監査人」資格ではありますが、セキュリティ分野からの評価も高く、標準的なセキュリティ資格として見られている資格の1つです。

◆ 公認セキュリティマネージャー(CISM)

CISMは、情報セキュリティマネージャーに特化した資格として設計されたもので、2003年度より始まったベンダーニュートラルの認定資格です。

CompTIA

CompTIAは、1982年設立された、IT業界で作成された各業務の実務能力基準の認定活動を行っているIT業界団体です。欧米を中心に10拠点を有し、世界のIT業界団体として活動を広げています。ネットワーク、サーバー、クラウド、セキュリティといったIT業務分野の実践力や応用力を評価するCompTIA認定資格をグローバルに展開し、200万人以上に取得されています(2015年6月現在)。純粋なセキュリティ資格は、現在、次の1つのみです。

◆ CompTIA Security+

CompTIA Security+は、ベンダーニュートラルの認定資格で、幅広いセキュリティに関する知識、スキル、運用手法などを認定するものです。資格レベルとしては、(ISC)2のSSCPと同等とみなされています。

あとがき

本書の著者は、日本ビジネスシステムズ株式会社セキュアデザインセンターという組織です。日本ビジネスシステムズは、創業25年のIT企業(SIer)であり、重要な顧客向けサービスとしてセキュリティ事業を展開し始めて2年半になります。セキュアデザインセンターのサービス内容は、上流のコンサルティングから日々のセキュリティ運用まで顧客のニーズにワンストップで応えることを意識しており、今回の執筆者もセキュリティ業界でさまざまな経験を持つ全方位に対応できるメンバーで構成されています。

セキュアデザインセンターは、会社の中では事業目標を課せられた事業組織、いわゆるプロフィットセンターです。そのメンバーが、年度末の多忙な時期に何とか時間を工面して、本書を書き上げました。週に1回は必ず集まって、用語の使い方、章ごとの内容の粒度、全体のボリューム感などを喧々諤々議論しながら完成度を上げていきました。必ずしも十分な時間を取ることはできなかったのですが、何とか形にすることができてほっとしています。

執筆にあたっては、セキュリティの専門書ではなく、教科書として読みやすいかつ業務に役立てることのできるものを意識しました。特に注力したのは、難しいことをいかに具体的にやさしく表現できているか、企業の業務に必要とされる知識を網羅しているか、最新のトレンドに沿っているかという点です。入門書として冒頭から順序立てて勉強できるように、また、随時部分的に参考にしていただけるように考慮したつもりですが、その評価は読者に委ねたいと思います。

最後に「C&R研究所」様への感謝の意を表明いたします。

索引

S・T

U・V・W・X

あ行

か行

さ行

た行

な行

は行

ま行

や行

ら行

わ行

■著者紹介

日本ビジネスシステムズ株式会社　セキュアデザインセンター

　セキュリティコンサルティングから24時間365日のセキュリティ運用まで、顧客の要求に基づいて、セキュリティサービスをワンストップで提供する事業組織です。コンサルタントと技術者からなるチームで、2014年4月に設立されました。
　執筆を担当したメンバーを紹介します。

宮川晃一 Koichi Miyakawa

2003年にグローバルセキュリティエキスパート株式会社に入社し、ソリューション事業の立ち上げに関わり、ソリューション事業部長に就く。2010年に、日本ビジネスシステムズ株式会社に入社し、セキュリティコンサルティング部を発足。その後、セキュアデザインセンター発足に伴い現在に至る。
業務のかたわら、アイデンティティ管理の専門家として執筆活動や講演活動など啓蒙活動を行っている。日本ネットワークセキュリティ協会(JNSA)の標準化部会にて「アイデンティティ管理WG」のリーダーを10年継続。2013年 JNSA賞 個人賞を受賞。

松方岩雄　Iwao Matsukata,CISSP

1983年に広告代理店に入社。1987年から2013年までの大半は情報システム部門で勤務し、ネットワーク管理やインフラ管理を担当する中で情報セキュリティについて学び、全社でISO27001を取得する際のメンバーとしても参加した。
2013年に日本ビジネスシステムズ株式会社に入社。セキュアデザインセンターを立ち上げ、セキュリティコンサルティング事業やセキュリティソリューション事業を推進している。

谷本重和 Shigekazu Tanimoto,CFE

2002年に国内上場インターネット広告配信業へ入社後、米国監査法人系リスクコンサルティング会社にてITコンサルタントや、欧州生命保険子会社サービスデリバリ部門にてSME(Subject Matter Expert)として、情報管理業務やシステム監査の対応に従事。
その後、米国アンチウィルスベンダー会社や海外大手通信会社にて、セキュリティアナリスト(SOC)やセキュリティエンジニア(SE)業務を経て、2016年、日本ビジネスシステムズ株式会社　セキュアデザインセンターにおいて、現在に至る。

小野喜代志 Kiyoshi Ono

1988年に株式会社野村総合研究所入社。インターネットを活用した新規事業企画活動に従事。2010年にNRIセキュアテクノロジーズ株式会社に出向し、コンサルティング事業本部長に就く。
2014年に、日本ビジネスシステムズ株式会社に入社し、ソリューション営業部長を勤めた後、セキュアデザインセンター長に就き、現在に至る。

編集担当 ： 吉成明久
カバーデザイン：秋田勘助（オフィス・エドモント）

セキュリティエンジニアの教科書

2016年6月1日　第1刷発行
2020年3月2日　第2刷発行

著　者　日本ビジネスシステムズ株式会社　セキュアデザインセンター

発行者　池田武人

発行所　株式会社　シーアンドアール研究所
新潟県新潟市北区西名目所4083-6(〒950-3122)
電話　025-259-4293　FAX　025-258-2801

ISBN978-4-86354-197-9 C3055